TRAITÉ

DE ZOOLOGIE

ÉLÉMENTAIRE

A L'USAGE DES ÉTABLISSEMENTS D'INSTRUCTION

PAR

LE Dʳ TH. OLIVIER.

282 FIGURES.

PARIS
LIBRAIRIE DE P.-M. LAROCHE,
Rue Bonaparte, 66.

LEIPZIG
L. A. KITTLER, COMMISSIONNAIRE,
Querstrasse, 81.

H. CASTERMAN
TOURNAI.

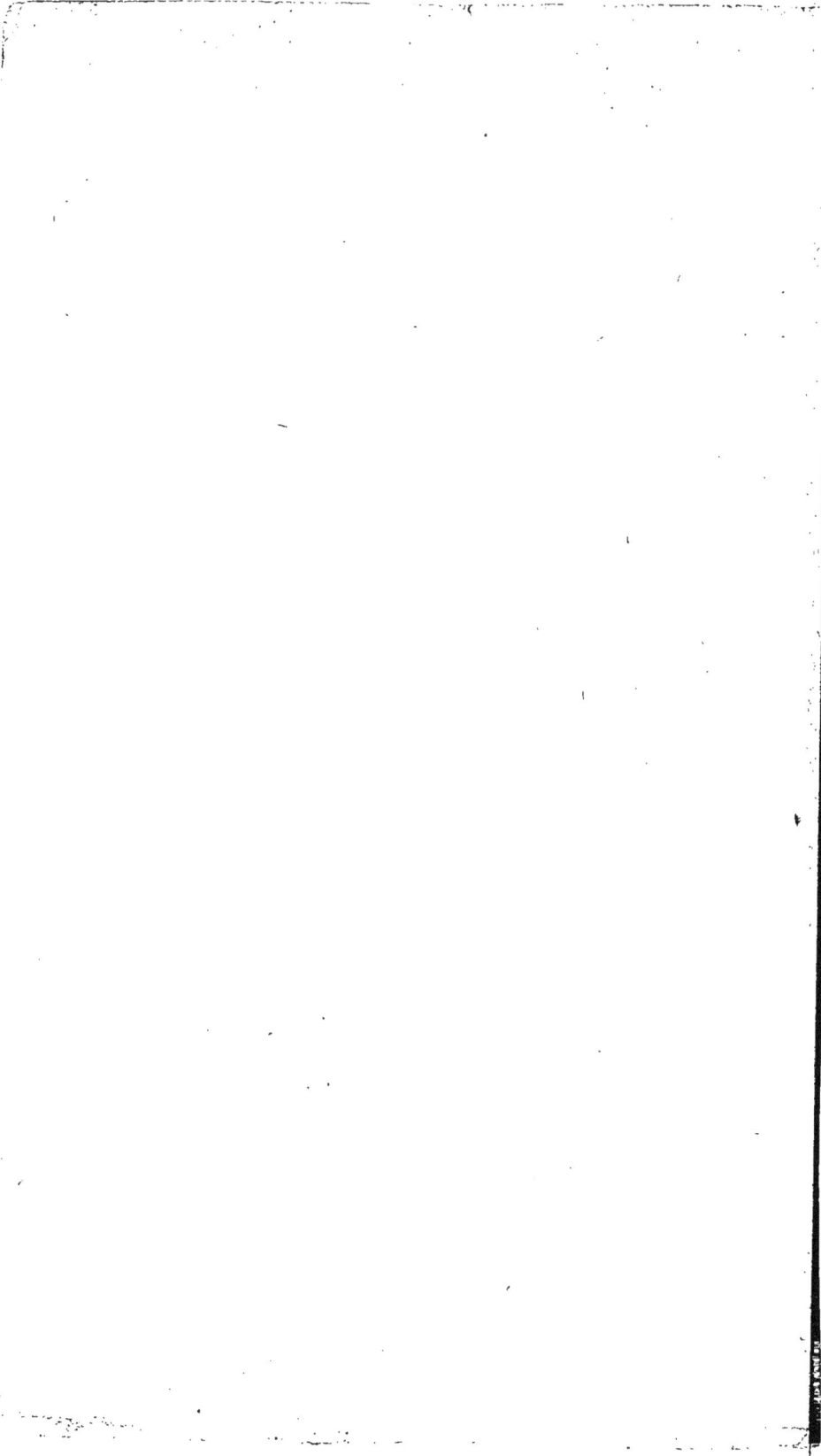

TRAITÉ

DE ZOOLOGIE.

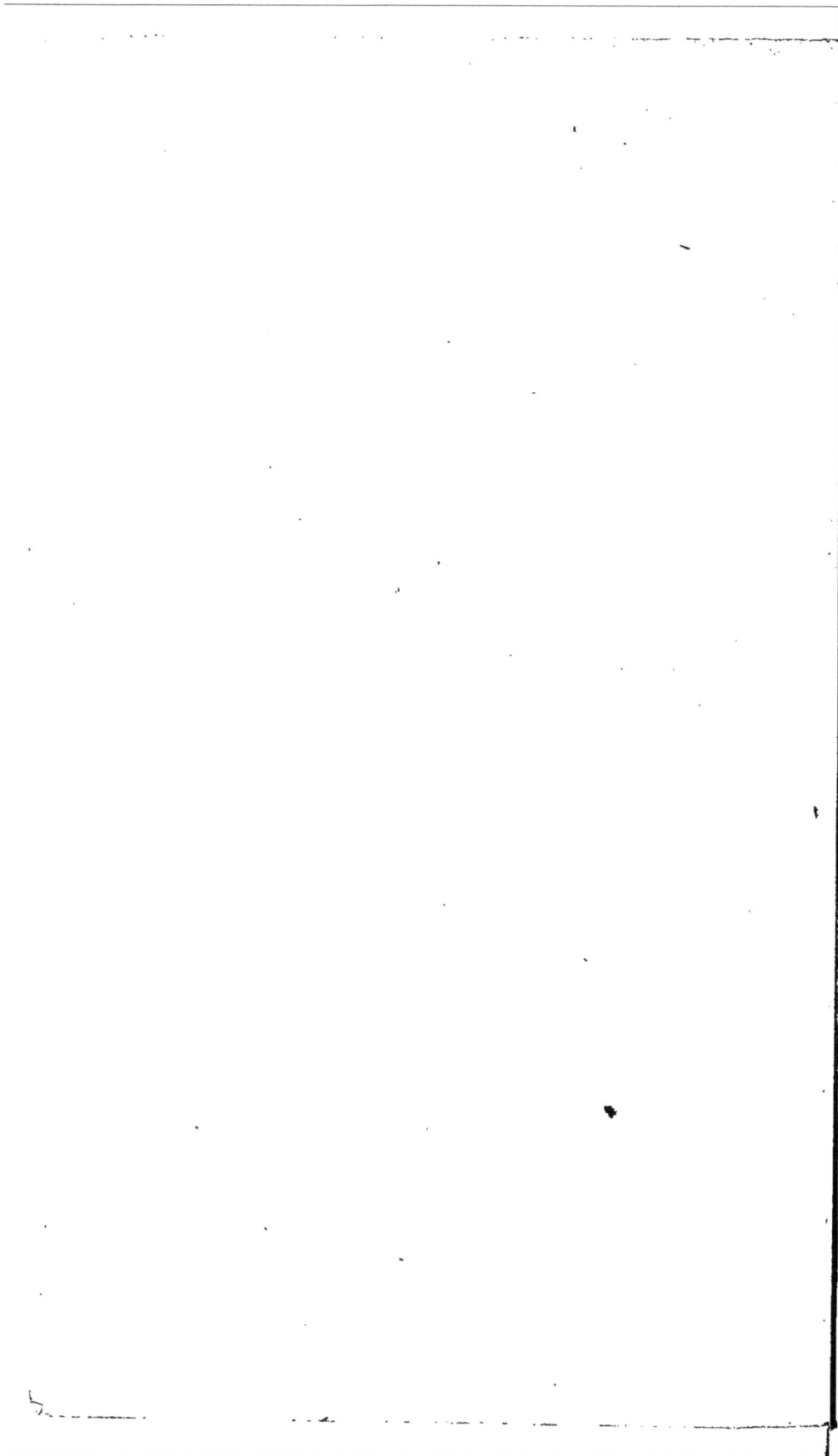

TRAITÉ

DE ZOOLOGIE

ÉLÉMENTAIRE

A L'USAGE DES ÉTABLISSEMENTS D'INSTRUCTION

PAR

LE D^r TH. OLIVIER.

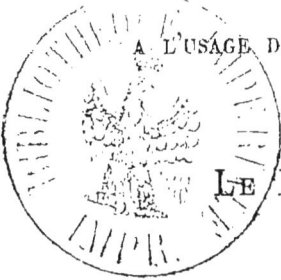

────∞∞○✕○∞○────

PARIS   LEIPZIG
LIBRAIRIE DE P.-M. LAROCHE,   L. A. KITTLER, COMMISSIONNAIRE,
Rue Bonaparte, 68.   Querstrasse, 34.

H. CASTERMAN
TOURNAI.
1865

PRÉFACE.

La zoologie, par la richesse des éléments
qu'elle embrasse, peut contribuer, plus qu'aucune autre science, à la solidité et au charme
de l'instruction. La physionomie si variée des
animaux, leurs mœurs si curieuses, l'utilité
que présentent un grand nombre d'entre eux,
voilà autant d'objets qui frappent vivement
l'attention, et fournissent à l'enseignement de
la langue maternelle le texte d'une multitude
de développements : aussi ont-ils été de tout
temps un sujet favori de lecture, de composition, d'exercices intuitifs. La zoologie tend,

d'une autre part, à élever l'esprit, en montrant par combien de procédés divers la toute-puissance du Créateur a su réaliser les grands phénomènes du mouvement dans le règne animal, faisant servir les moyens les plus chétifs à la production des effets les plus merveilleux. Enfin cette science, comme la botanique, par les classements qu'elle exige, par les comparaisons et les rapprochements auxquels elle conduit, habitue l'élève à cet esprit de méthode qui est le fond de l'instruction, et qu'elle présente sous son jour le plus attrayant, puisqu'elle montre d'une manière évidente le soulagement qui en résulte pour l'intelligence au milieu d'un si grand nombre d'objets à saisir. Tous ces avantages à mettre à la portée de la jeunesse, nous ont encouragé dans la tâche difficile de renfermer en un nombre aussi limité de pages les notions zoologiques les plus essentielles. La difficulté était ici d'autant plus grande, que de nombreuses figures, si nécessaires à toute description d'histoire naturelle, venaient nous prendre une notable partie de l'espace restreint que nous laissait notre cadre. Nous espérons, toutefois, avoir tracé un tableau assez clair et assez complet pour que ce petit traité présente une idée juste de la science zoologique aux élèves des écoles, en même temps qu'aux personnes qui désirent y trouver une introduction à des ouvrages plus avancés ou un résumé de ce qu'elles ont appris.

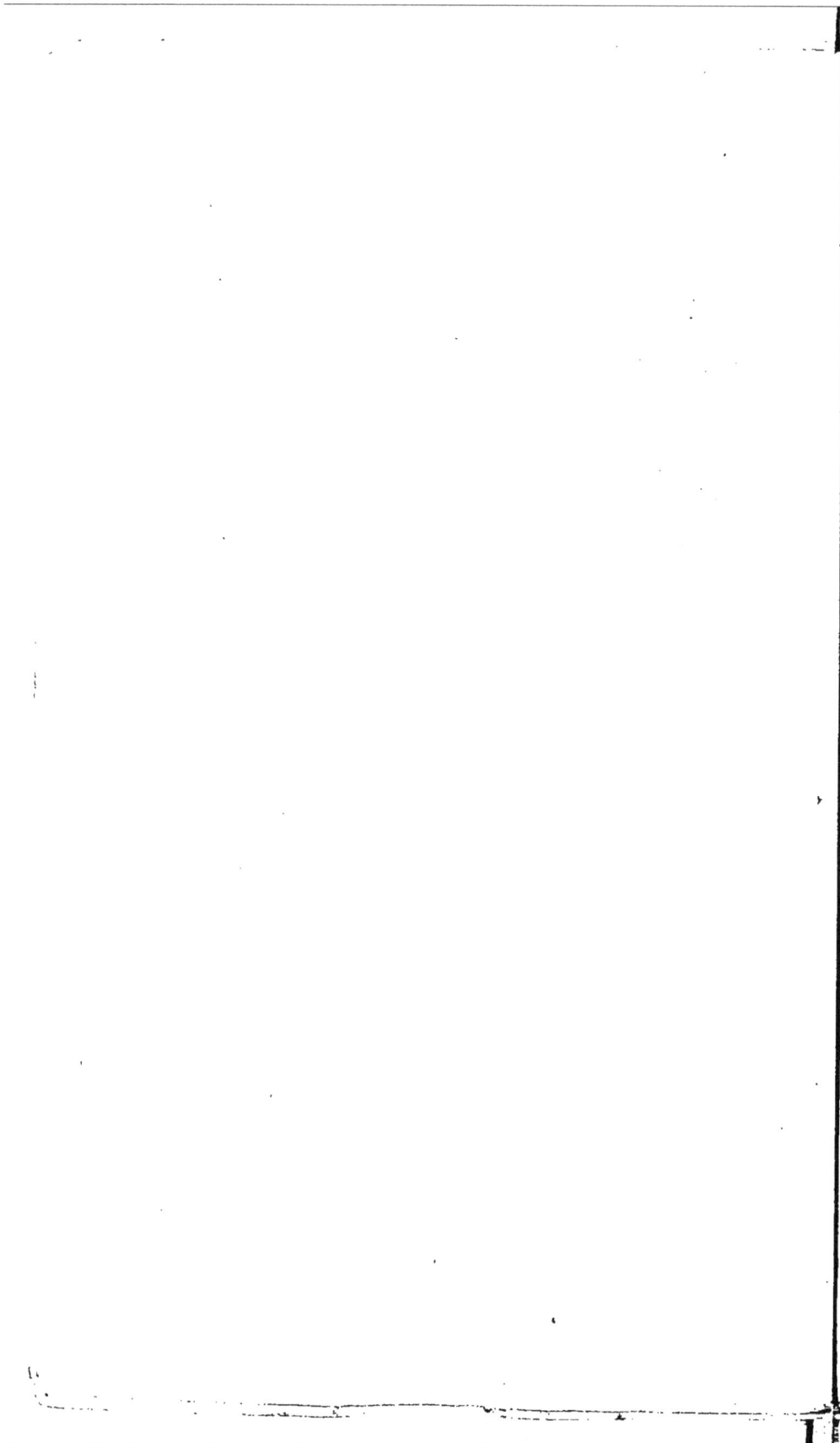

TRAITÉ

DE

ZOOLOGIE ÉLÉMENTAIRE.

Ire LEÇON.

DE LA SÉRIE ANIMALE ET DE LA STRUCTURE DU CORPS
HUMAIN. VIE ANIMALE OU DE RELATION.

La zoologie est la partie de l'histoire naturelle qui a
pour objet l'étude du règne animal[1].

Les animaux, dans leur diversité, forment une immense série, s'élevant, par degrés, des organisations
les plus simples jusqu'à celle de l'homme, qui en
occupe le sommet, et dont le corps, réunissant en soi
toutes les perfections du règne animal, offre les apti-
tudes les plus merveilleuses pour servir son esprit. Il

---

(1) On a vu, dans l'introduction de notre *Traité de botanique
élémentaire,* que le règne animal et le règne végétal sont réunis
sous le titre commun de *règne organique,* parce que le corps des
animaux et des végétaux est un composé d'*organes* (*organon,* de
ergon, travail), travaillant par leurs *fonctions* diverses à entrete-
nir la vie. On a vu également que les animaux se distinguent
des végétaux en ce que, outre la *vie organique* ou *de nutrition*
qui leur est commune avec ces derniers, ils ont une *vie de
relation* ou *vie animale,* consistant dans la faculté de se mouvoir
et d'être avertis, par des sens plus ou moins développés, de la
présence et des qualités des objets extérieurs.

est donc à propos de commencer notre étude de la zoologie par un exposé sommaire de la structure du corps humain ; cet exposé, en même temps qu'il nous donnera une idée de la vie animale à son plus haut degré, nous familiarisera avec certains termes dont nous aurons occasion de nous servir dans la description des animaux.

L'homme, seul de tous les êtres animés, se tient debout et lève la tête vers le ciel. Pour qu'il en soit ainsi, ses pieds offrent une large base de sustentation, posant tout entière sur le sol, tandis que ses mains, douées de la plus exquise délicatesse de tact, ne lui servent qu'à prendre, à palper les objets, et à manier les instruments qu'il se construit par son intelligence. Une telle conformation lui était nécessaire pour dominer la nature, ainsi que le veut sa haute destination. La main de l'homme, servant si admirablement son intelligence et étendant par mille moyens la portée de ses sens, lui rend inutiles les armes naturelles par lesquelles certains animaux semblent parfois le surpasser, et qui ne seraient pour lui qu'un embarras.

Si l'on envisage le corps de l'homme dans sa construction, on peut le diviser, pour l'étude, en trois parties : la *tête*, le *tronc* et les *membres* ou *extrémités*. Dans chacune de ces parties, sa charpente est formée par une portion osseuse appelée *squelette*.

La *tête* se divise en deux parties : le *crâne*, boîte osseuse située supérieurement et contenant le cerveau ; la *face*, répondant à ce qu'on appelle le *visage*, où l'on remarque la bouche et les organes des sens. Un os appelé *mâchoire inférieure* s'articule d'une manière mobile avec l'ensemble des os de la tête formant la *mâchoire supérieure* ; et c'est par le jeu de cet os que s'opère le broiement des aliments dans la bouche, à l'aide des *dents*. Ces dernières, qui sont au nombre de seize à chaque mâchoire, se distinguent en *incisives*, *canines et molaires*. Les *incisives*, situées en avant, au nombre de quatre à chaque mâchoire, sont tranchantes et servent à couper les aliments ; les *canines*, au nombre de deux, une de chaque côté des incisives, sont pointues et servent à les déchirer ; les *molaires*, au nombre de cinq de chaque côté en arrière des canines, offrent une surface large et inégale comme celle d'une meule pour broyer les aliments. Nous verrons que les dents forment un caractère important pour la distinction des espèces animales.

Le *tronc* a pour soutien une sorte de colonne osseuse appelée *colonne vertébrale*, *échine* ou *épine du dos*, laquelle est formée de vingt-quatre os courts nommés *vertèbres*, percés chacun d'un trou appelé *trou vertébral*. L'ensemble des trous vertébraux placés à la suite les uns des autres, forme le *canal vertébral*, contenant la moelle épinière, prolongement du cerveau. Des deux côtés, la moelle épinière envoie des nerfs, qui sortent du canal vertébral par des ouvertures formées par les échancrures des vertèbres. Chaque vertèbre offre un certain nombre d'éminences appelées *apophyses*. Celle qui est en arrière porte le nom d'*apophyse épineuse*. La série des apophyses épineuses, que l'on sent très-bien sous la peau, constitue ce que l'on appelle particulièrement l'*épine du dos*.

La colonne vertébrale se divise en trois régions : la région *cervicale*, qui correspond au cou (*cervix*) et comprend sept vertèbres ; la région *dorsale*, qui en comprend douze et correspond au dos ; la région *lombaire*, correspondant aux reins ou lombes, et comprenant cinq vertèbres. Les vertèbres de chaque région ont une forme particulière, qui les fait aisément distinguer.

Aux douzes vertèbres dorsales s'attachent, de chaque côté, des arcs osseux appelés *côtes*, formant par leur réunion une sorte de cage appelée *poitrine* ou *thorax*, qui contient les poumons, organes de la respiration, et le cœur, organe central de la circulation du sang. Les sept premières côtes viennent, en avant, s'attacher, par l'intermédiaire d'un cartilage, à un os plat appelé *sternum*, qui forme le devant de la poitrine : on les appelle *vraies côtes*, tandis qu'on donne le nom de *fausses côtes* aux suivantes, dont le cartilage ne se relie au sternum que par l'intermédiaire de celui des vraies côtes; les deux dernières fausses côtes sont appelées *côtes flottantes*, parce que leur extrémité antérieure flotte dans les chairs et ne se relie pas aux autres côtes.

Les cinq vertèbres lombaires, qui sont les plus volumineuses, s'appuient sur un os fort et de forme triangulaire appelé *sacrum*, qui forme la croupe et se compose de cinq vertèbres soudées. A la pointe du sacrum s'articule le *coccyx*, petit os qui, beaucoup plus développé chez les animaux, constitue la queue. Des deux côtés du sacrum s'articulent les *os iliaques* ou *des iles*, os larges et contournés qui, se réunissant en avant, forment ce qu'on appelle le *bassin*. Les os des iles présentent en dehors une cavité profonde, appelée *cavité cotyloïde* (*cotylé, écuelle*), dans laquelle vient rouler la tête du *fémur* ou os de la cuisse.

A la partie supérieure de la poitrine, on trouve, en arrière, deux os plats et triangulaires appelés *omoplates*, dont l'angle externe offre une cavité appelée *cavité glénoïde* (*gléné, emboîture*), moins profonde que la cavité cotyloïde, et sur laquelle joue la tête de l'*humérus* ou os du bras. L'omoplate ne tient guère au corps que par les muscles qui la meuvent; elle est soutenue, en avant, par un os allongé et courbé en *S*, qu'on appelle *clavicule,* et qui, placé au devant de la première côte, vient s'articuler, au-dessus d'elle, avec le sternum. L'omoplate et la clavicule forment, par leur ensemble, ce que l'on nomme l'*épaule.*

Les *membres* se distinguent en *supérieurs* ou *thoraciques,* et *inférieurs* ou *abdominaux.*

Le *membre thoracique* se divise en quatre régions : *épaule, bras, avant-bras* et *main.* Nous venons de voir quels sont les os qui composent l'*épaule.* Le squelette du bras est formé par un seul os long appelé *humérus,* qui présente en haut une tête arrondie s'articulant avec la cavité glénoïde de l'omoplate, et en bas une sorte de poulie formant, avec les surfaces correspondantes des os de l'avant-bras, l'articulation du *coude.* L'*avant-bras* est formé de deux os : le *radius,* situé en dehors, et le *cubitus,* situé en dedans ; le radius exécute sur le cubitus un mouvement dit de *pronation* quand on tourne la paume de la main en dedans, et un autre mouvement dit de *supination,* quand on la tourne en dehors. La *main* se compose de trois parties : le *carpe* ou *poignet,* formé de huit os courts placés sur deux rangées ; le *métacarpe,* formé de cinq petits os longs que l'on sent au dos de la main et qui en supportent la paume; enfin les *phalanges,* au nombre de trois à chaque doigt, sauf au pouce qui n'en a que deux. L'articulation de l'épaule permet des mouvements dans tous les sens ; celle du coude, étant conformée en charnière, n'en permet que dans le sens de la flexion et de l'extension; à la main, chaque doigt peut se fléchir, s'étendre, s'éloi-

gner, se rapprocher, et le pouce peut s'opposer aux
autres doigts, ce qui donne à la main ses précieux
avantages. L'articulation du poignet permet des mouvements dans divers sens. Nous avons parlé des mouvements de pronation et de supination de l'avant-bras.

Le *membre inférieur* ou *abdominal,* par sa construction, présente beaucoup d'analogie avec le membre
supérieur; mais, destiné à soutenir le poids du corps,
et ne devant servir qu'à la marche, il est construit avec
plus de solidité et offre des mouvements moins variés.
Il comprend aussi quatre régions : la *hanche,* qui
répond à l'épaule, et dont nous connaissons la construction ; la *cuisse,* qui répond au bras, et dont le
squelette n'a qu'un seul os, le *fémur ;* la *jambe,* répondant à l'avant-bras et formée, comme lui, de deux os,
le *tibia* et le *péroné;* le *pied,* analogue de la main, et
comprenant aussi trois parties : le *tarse,* le *métatarse*
et les *orteils.* Le tarse, qui correspond au carpe ou
poignet, et forme ce qu'on appelle le *cou-de-pied,* se
compose de sept os courts et gros, dont le plus considérable, appelé *calcanéum,* forme en arrière une saillie
qu'on nomme *talon,* et qui donne attache, par l'intermédiaire du *tendon d'Achille,* le plus fort des tendons
du corps, aux muscles puissants qui étendent le pied
sur la jambe. Cette disposition donne une grande
étendue à la *plante du pied,* qui est la base de sustentation du corps.

Les os se relient entre eux par des *articulations* ou
jointures. Des ligaments plus ou moins forts les unis-
sent, et leurs surfaces articulaires, revêtues de cartilage, sont baignées d'un liquide onctueux appelé *syno-
vie,* qui facilite leurs mouvements.

Nous ne décrirons point ici en détail les *muscles* qui

meuvent les uns sur les autres les os formant le squelette, et produisent les mouvements si variés du corps
en prenant ces os pour leviers. Disons seulement que
les muscles sont ces faisceaux charnus constituant ce
que, chez les animaux, on appelle la *viande*. Tantôt
allongés, tantôt aplatis ou courts, ils s'attachent aux os
par des parties fibreuses très-résistantes, d'un aspect
brillant et nacré, qu'on nomme *tendons*, et ils sont
maintenus en place par des toiles fines et solides, de
la même nature que les tendons, et qui portent le nom
d'*aponévroses*. Ils produisent le mouvement par leur
contraction, c'est-à-dire par le raccourcissement de leurs
fibres, exerçant une traction sur les os. Certains muscles, par exemple ceux du visage, s'attachent à la peau,
qu'ils plissent dans divers sens; on les appelle *peauciers*.

L'impulsion du mouvement est communiquée aux
muscles par les *nerfs*, cordons blanchâtres ramifiés
dans tout le corps et qui partent du *centre nerveux*,
formé du *cerveau* et de la *moelle épinière*. Les nerfs
rapportent aussi au centre nerveux la sensation des
objets extérieurs. Outre le sens du toucher, dont la
peau est l'organe, il existe des organes spéciaux pour
la *vue*, l'*ouïe*, l'*odorat* et le *goût*.

Le sens de la *vue* réside dans l'*œil*, placé à la partie
supérieure de la face, dans une cavité osseuse que l'on
nomme *orbite*. L'œil, dont on ne voit que ce que laisse
à découvert l'ouverture des paupières, est un globe
formé d'une coque fibreuse renfermant des humeurs
transparentes à travers lesquelles les rayons lumineux
viennent se peindre, au fond de sa cavité, sur une
membrane nerveuse très-fine appelée *rétine*, d'où la
sensation se transmet au cerveau par le *nerf optique*.
La coque blanche qui forme comme la charpente du

globe oculaire s'appelle *sclérotique* ou *cornée opaque;* la
partie transparente arrondie qui est en avant et laisse
pénétrer la lumière dans l'œil, s'appelle *cornée transparente.* Derrière cette dernière , nous voyons une
membrane colorée en bleu, en brun, en gris, etc., que
l'on nomme l'*iris,* et au milieu de laquelle se trouve
une ouverture appelée *pupille* ou *prunelle,* qui ressemble à une tache noire arrondie. Cette ouverture se contracte ou se dilate suivant le plus ou moins d'intensité
de la lumière, pour laisser pénétrer plus ou moins de
rayons lumineux au fond de l'œil; derrière elle se
trouve une lentille appelée *cristallin,* qui fait converger
les rayons au fond de l'œil comme dans une chambre
obscure où se peignent les objets.

Le sens de l'*ouïe* réside dans l'*oreille,* placée de chaque côté de la tête, et dont l'appareil est creusé dans
une partie très-dure de l'os de la tempe, appelée *rocher.*
Le *pavillon* de l'oreille, situé à l'extérieur, donne entrée
dans le *conduit auditif,* au fond duquel se trouve ten-
due une membrane mince appelée *membrane du tym-
pan* ou *tambour,* d'où les sons se propagent à l'intérieur
par un appareil des plus délicats aboutissant à un
liquide qui entre en vibration, et d'où la sensation se
transmet au cerveau par le *nerf acoustique.*

Le sens de l'*odorat* réside dans le *nez,* où les émana-
tions odorantes se répandent sur la membrane qui
tapisse les anfractuosités des *fosses nasales* et que l'on
nomme *membrane pituitaire.* Le nerf qui transmet cette
sensation au cerveau se nomme *nerf olfactif.*

Le sens du *goût* réside dans la membrane muqueuse
qui tapisse la langue et certaines parties de la bouche.
Divers nerfs en transmettent la sensation.

Le *cerveau* est la portion principale du centre nerveux. Sous le cerveau se voit une masse nerveuse plus petite appelée *cervelet*, qui constitue avec lui ce que l'on nomme l'*encéphale* (*en, dans ; céphalê, tête*); le cerveau est uni au cervelet par une sorte de nœud central appelé *mésocéphale* (*mesos, milieu*), d'où part la *moelle allongée*, commencement de la *moelle épinière*. Neuf paires de nerfs partent de l'encéphale et se distribuent à la tête, aux organes des sens, au poumon et à l'estomac ; vingt-quatre paires partent de la moelle épinière et se distribuent au cou, au tronc et aux membres.

Tel est, en abrégé, l'ensemble que l'on désigne sous le nom de *vie animale* ou *de relation*, et par lequel s'opèrent les mouvements et les sensations du corps. Mais cet ensemble doit être nourri. C'est là la *vie organique* ou *de nutrition*, dont nous donnerons une idée succincte dans la leçon suivante. Nous dirons, en même *temps*, quelques mots des organes de la *voix* ou de la *phonation*, qui appartiennent à la vie de relation, mais qui ont des rapports intimes avec l'appareil respiratoire.

IIe LEÇON.

STRUCTURE DU CORPS HUMAIN. SUITE. VIE ORGANIQUE OU DE NUTRITION. RACES HUMAINES. CLASSIFICATION ZOOLOGIQUE.

L'homme se nourrit de substances animales et végétales, dont les particules nutritives s'assimilent à sa substance, tandis que celles qui ne peuvent lui servir

sont rejetées par diverses voies. Aux *aliments* doivent se
joindre des *boissons*, dont l'eau forme la base.

Les aliments sont d'abord broyés par les dents et
pénétrés par le suc *salivaire* qui afflue dans la bouche.
De là, réunis en pâte sous le nom de *bol alimentaire*, ils
passent dans le *pharynx* ou *arrière-bouche*, dont la contraction les envoie, à travers un canal nommé *œsophage*
(*porte-manger*), dans l'*estomac*, partie renflée du *tube
digestif,* où ils reçoivent l'influence d'autres sucs, appelés *sucs gastriques,* qui aident à leur décomposition. Ils
se transforment là en une bouillie grisâtre et homo-
gène appelée *chyme,* qui passe ensuite dans l'*intestin*
proprement dit, tube allongé, replié un grand nombre
de fois sur lui-même, et dont la partie supérieure,
appelée *duodénum,* reçoit les canaux qui apportent la
bile, venue du *foie,* ainsi que le *suc pancréatique,* sorte
de fluide salivaire provenant du *pancréas.* En parcou-
rant les circonvolutions de l'intestin, les matières ali-
mentaires subissent une nouvelle élaboration, séparant
leurs particules nutritives sous forme d'un fluide lai-
teux appelé *chyle,* résultat définitif de la *digestion,* qui
est pompé par les *vaisseaux chylifères* et transporté
dans la masse du sang, tandis que les matériaux impropres à la nutrition descendent dans la partie inférieure du tube intestinal, nommée *gros intestin,* pour
être rejetés au dehors sous forme d'excréments.

L'estomac et l'intestin sont contenus dans une cavité
appelée *ventre* ou *abdomen,* qui n'est fermée en avant
que par des muscles, et qui est séparée, par une cloison
musculaire appelée *diaphragme,* de la cavité thoracique où se trouvent le cœur et le poumon, dont nous
allons parler.

Le sang, enrichi des matériaux nouveaux que lui

apporte le chyle, réparant les pertes qu'il a subies en nourrissant les diverses parties du corps, a besoin, pour achever de se revivifier, de recevoir l'influence de l'air atmosphérique, transformant en sang rouge le sang noir qui a servi. C'est ce qui s'opère par l'importante fonction de la *respiration,* intimement liée à celle de la *circulation,* par laquelle le sang se répand tour à tour dans le poumon et dans le corps entier.

Le *cœur,* organe central de la circulation, est une sorte de poche musculeuse dont les contractions chassent le sang à la manière d'une pompe foulante. Il se divise, par une cloison, en deux moitiés droite et gauche qui ne communiquent pas entre elles. La moitié droite reçoit le sang noir qui revient des divers organes, et le chasse dans le poumon par l'*artère pulmonaire* qui s'y ramifie; la moitié gauche reçoit le sang revivifié qui revient du poumon, et le chasse dans toutes les parties du corps par l'*artère aorte,* se ramifiant dans le corps entier. Ces ramifications se nomment *artères;* on sent, dans les points où elles passent sous la peau, leur battement, qui correspond à chaque contraction du cœur et qui prend le nom de *pouls.* On appelle *veines,* les vaisseaux qui rapportent vers le cœur droit le sang noir qui a servi au corps, et vers le cœur gauche le sang rouge revivifié dans le poumon. Les ramifications les plus déliées des veines, se continuant avec celles des artères, forment ce qu'on appelle les vaisseaux *capillaires,* qui se confondent avec le tissu même des organes. Chaque moitié du cœur est divisée en deux cavités : l'*oreillette,* où les veines versent le sang qui revient, et le *ventricule,* plus musculeux, d'où l'artère chasse le sang dans le poumon ou dans les différentes parties du corps. Des replis membraneux appelés *valvules,* faisant office de soupapes, ouvrent ou ferment, suivant le besoin, les orifices des oreillettes et des ventricules.

Quant au *poumon,* organe de la respiration, c'est un corps d'un tissu spongieux, qui remplit toute la cavité de la poitrine à l'exception de la place occupée par le cœur et les gros vaisseaux, et dont la trame est formée par les ramifications des vaisseaux sanguins et des tubes aériens. Ces derniers, nommés *bronches,* sont les divisions d'un tube appelé *trachée-artère,* qui communique avec les cavités de la bouche et du nez, par l'intermédiaire du *larynx,* organe de la voix. Quant à ce dernier, il a pour charpente des cartilages dont le principal est le cartilage *thyroïde,* qui forme au-devant du cou ce qu'on appelle la *pomme d'Adam ;* le son s'y produit par des ligaments appelés *cordes vocales,* et plus ou moins tendus par de petits muscles. Au-dessus du cartilage thyroïde se trouve un petit os en fer-à-cheval, nommé os *hyoïde,* auquel s'attache la base de la langue, qui joue un si grand rôle dans l'articulation des sons et dans l'acte de la mastication. Un petit opercule nommé *épiglotte,* situé au-dessus de l'ouverture du larynx, empêche que le bol alimentaire, venant de la bouche, ne s'introduise dans les voies aériennes en traversant le pharynx.

Mentionnons encore les *vaisseaux lymphatiques,* qui charrient dans les différentes parties du corps le fluide blanc appelé *lymphe,* et qui se réunissent çà et là en petits nœuds appelés *ganglions ;* mentionnons également le *tissu cellulaire,* qui remplit les vides laissés entre les organes, et dans les cellules duquel s'amasse une matière appelée *graisse,* provenant de la surabondance des sucs nutritifs.

On appelle *sécrétions*, la production de certains fluides spéciaux tels que la salive, les larmes, la bile,
l'urine, etc., dont les uns servent à certains usages et
les autres sont destinés à être rejetés au dehors. La
sécrétion s'opère, tantôt à la surface de certaines membranes ; tantôt par des organes appelés *glandes,* tels que
le foie, le rein, etc.; tantôt par de simples petits sacs
appelés *follicules,* comme cela se voit, par exemple, pour
la matière grasse qui enduit les ailes du nez et s'accumule parfois sous la forme de petits vers. Les poils, les
cheveux et les ongles sont le produit d'une sécrétion
de matière cornée dont la composition est la même que
celle de l'épiderme, enveloppe qui recouvre la peau.

Les fonctions de la vie organique ou de nutrition
s'accomplissent à notre insu et en dehors de l'action
de notre volonté, sous l'influence d'un système nerveux
particulier et très-délicat, appelé *système du grand
sympathique,* parce qu'il établit les rapports intimes
entre les différentes fonctions qui concourent à la nutrition du corps. Ce système nerveux, appelé aussi *système
nerveux ganglionnaire,* parce que ses filets aboutissent
à des nœuds ou ganglions, a son foyer central près de
l'estomac, centre de toutes les sympathies de la vie
organique.

Telle est, en abrégé, l'histoire de la structure et de
l'organisation du corps humain. Cette notion nous
sera d'une grande utilité dans notre étude des différents êtres de la série animale ; nous verrons aussi
qu'elle s'éclaircira elle-même par cette étude. La com-
paraison des organisations diverses entre elles et avec
celle du corps humain a donné lieu à une science importante qu'on nomme *anatomie comparée,* et qui a
beaucoup éclairé l'anatomie humaine.

L'homme forme à lui seul, au sommet de la série animale, un ordre appelé ordre des *bimanes,* à cause de ses deux mains, instruments merveilleux de sa domination sur la nature. Cet ordre ne comprend qu'un seul genre et une seule espèce, quoiqu'on distingue trois races d'hommes : la race *caucasique* ou *blanche,* qui est la plus belle et se reconnaît à son ovale régulier, au peu de saillie des pommettes et des lèvres et à la grandeur de l'angle facial [1] ; la race *mongolique* ou *jaune,* qui habite le Mogol, la Chine et les îles océaniennes, et se fait remarquer par l'obliquité des yeux, la saillie des pommettes, le nez écrasé à la base et la barbe grêle; la race *nègre* ou *mélanienne (mélas, noir*), qui a le front déprimé, le nez épaté et les cheveux crépus.

Le règne animal se divise en quatre grands embranchements : 1° les VERTÉBRÉS, qui ont, comme l'homme, une colonne vertébrale et un squelette intérieur ; 2° les ARTICULÉS, dont le corps se compose d'une série d'anneaux ou *articles,* formant un squelette extérieur, comme on le voit dans les insectes, les vers, les crustacés, etc.; 3° les MOLLUSQUES, ainsi nommés à cause de la mollesse de leur corps, et qui n'ont ni squelette intérieur ni squelette extérieur, comme les limaces, les huîtres, etc.; 4° les RAYONNÉS, dont les parties sont disposées comme des rayons autour d'un point central, disposition très-visible chez les *astéries* ou *étoiles de mer,* les *coraux,* etc.

(1) On appelle *angle facial,* l'angle formé par deux lignes dont l'une est tirée du milieu du front aux dents incisives, et l'autre de ces dernières au conduit auditif. Il est de 80 à 85 degrés dans la race caucasique ; de 75 dans la race mongolique ; de 70 dans la race noire.

IIIᵉ LEÇON.

ANIMAUX VERTÉBRÉS, LEUR CLASSEMENT. MAMMIFÈRES.
BIMANES ET QUADRUMANES.

Les animaux VERTÉBRÉS se divisent en quatre classes : 1º les *MAMMIFÈRES*, dont les petits naissent vivants (génération *vivipare*), et qui ont des mamelles pour les allaiter ; 2º les *OISEAUX*, qui ont le corps couvert de plumes, les membres thoraciques conformés en ailes pour le vol, et la génération *ovipare*, c'est-à-dire que leurs petits éclosent d'un œuf ; 3º les *REPTILES*, dont la génération est aussi ovipare, mais qui ont le sang froid et le corps nu ou couvert d'écailles ; enfin 4º les *POISSONS*, qui ont le sang froid, la génération ovipare, mais dont les membres sont toujours conformés en nageoires, ces animaux ne pouvant vivre que dans l'eau.

La classe des *MAMMIFÈRES* se divise en dix ordres, dont le premier, sous le nom d'ordre des BIMANES, est, ainsi que nous l'avons dit, formé par l'espèce humaine seule. Les ordres suivants sont : 2º les QUADRUMANES, caractérisés par leurs quatre mains, et auxquels appartiennent les singes ; 3º les CARNASSIERS, dont le chat, le chien, etc., sont des types ; 4º les RONGEURS, parmi lesquels on remarque le rat, le lapin, etc. ; 5º les ÉDENTÉS, auxquels appartiennent le paresseux et le fourmilier ; 6º les MARSUPIAUX, ainsi nommés à cause de la poche qu'ils ont au-devant de leur ventre pour abriter leurs petits, et

dont le sarigue nous offre un type; 7° les PACHY-
DERMES, qui tirent leur nom de la rudesse de leur
peau, comme l'éléphant, le rhinocéros, le sanglier,
etc ; 8° les SOLIPÈDES, qui comprennent le cheval et
l'âne, remarquables par leur sabot unique ; 9° les
RUMINANTS, auxquels appartiennent le bœuf, le chameau, le cerf, etc. ; et enfin 10° les CÉTACÉS, dont
la baleine est le type le plus remarquable, et dont les
membres sont transformés en nageoires comme ceux
des poissons. Nous allons entrer dans quelque détail sur
chacun de ces ordres d'animaux.

Les QUADRUMANES ont avec l'homme diverses
analogies d'apparence et de structure, notamment par
la conformation de leurs extrémités en mains, le nombre et l'arrangement de leurs dents, et la disposition
des organes intérieurs de la poitrine et de l'abdomen.
Mais leurs quatre mains, bien inférieures à celles de
l'homme, ont le pouce court, la peau rude et calleuse ;
les muscles qui meuvent les cuisses et les jambes sont
grêles, ce qui rend ces animaux plus propres à s'accroupir qu'à se tenir debout. On les rencontre principalement dans l'Amérique du sud, en Afrique, aux
Indes et en Chine. Ils vivent en troupes nombreuses,
jouant sur les arbres des forêts et pillant les plantations. Ces animaux ne produisent qu'un ou deux petits,
qu'ils soignent avec beaucoup de sollicitude. On divise
les quadrumanes en deux familles : les singes et les
lémuriens.

Les singes ont les dents incisives rangées à côté l'une
de l'autre comme chez l'homme, mais les canines fortes
et saillantes (fig. 1, 2, 3). Leurs ongles sont plats à
tous les doigts, leurs narines en tubes circulaires ; leur
museau, d'abord arrondi, s'allonge avec l'âge. On les

divise en deux tribus : 1° les *catarhinins* (*narines en bas*), qui ont les narines dirigées à peu près comme

Fig. 1.   Fig. 2.   Fig. 3.

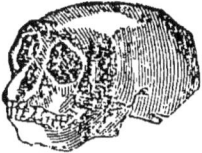

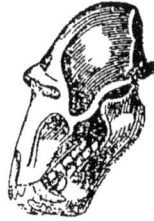

Tête de gibbon.   Tête de macaque.   Tête de papion.

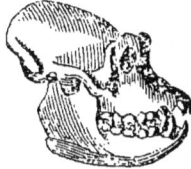

chez l'homme, et dont la bouche présente ordinairement des *abajoues* ou poches destinées à transporter des provisions ; 2° les *platyrhinins* ou *singes d'Amérique,* qui ont les narines séparées par une large cloison, ouvertes sur les côtés, et la bouche sans abajoues. De plus, on observe que les catarhinins, habitués à s'accroupir, ont le plus souvent des callosités aux fesses, tandis que les platyrhinins, vivant sur les arbres, n'ont pas de callosités et ont la queue toujours longue, quelquefois *prenante,* c'est-à-dire susceptible de s'enrouler autour des branches pour soutenir le corps.

La tribu des *catarhinins* comprend divers genres qui habitent les pays chauds de l'Afrique et des Indes, et dont la taille est, en général, supérieure à celle des singes d'Amérique. On y trouve les *orangs,* les *gibbons,* les *semnopithèques,* les *guenons,* les *macaques,* les *cynocéphales.*

Les *orangs* (fig. 4) n'ont ni queue ni abajoues ; les poils de leur avant-bras, par une particularité remarquable, se dirigent vers l'épaule ; ils marchent assez bien à deux pieds, mais leurs membres postérieurs sont très-courts. Ils sont très-dociles en domesticité.

L'*orang-outang*, qui est la plus grande espèce et atteint
jusqu'à six pieds de haut, a le poil roux, le front assez
marqué, les bras tombant jusqu'aux chevilles; on le
trouve à Bornéo et dans les contrées orientales de

Fig. 4. Orang-outang.

l'Asie. Le *chimpanzé* est brun, a le front nul et les
bras tombant jusqu'au genou.

Les *gibbons*, qui ne se trouvent que dans les contrées
les plus orientales de l'Asie, sont, comme les précédents, dépourvus de queue et d'abajoues; ils ont de
longs bras et le front nul. Leurs callosités sont larges,
tandis que celles des orangs sont petites.

Les *semnopithèques*, qui ont les fesses calleuses et
pas d'abajoues, ont la queue très-longue, le corps mince
et élancé.

Les *guenons* (fig. 5), les plus petits singes de la
tribu, ont la taille légère, les membres déliés, la queue
longue, mais pendante, les fesses calleuses et la bouche

pourvue d'abajoues. C'est ce genre qui nous offre le type du singe dans sa malice, sa pétulance et ses grimaces. On les apprivoise facilement. Ce sont les guenons qui font le plus de ravages dans les plantations, où elles s'installent par troupes après avoir placé des sentinelles pour pouvoir s'évader à temps. On les trouve dans les régions méridionales de l'Afrique, sur-

Fig. 5. Mone.

tout en Guinée et au Sénégal. Les *macaques,* qui ressemblent aux guenons, sont plus trapus, plus robustes, ont la queue plus courte, le museau plus gros et plus allongé (fig. 2). Ils sont aussi plus méchants et plus indociles. Parmi eux on distingue le *magot,* qu'on trouve en Afrique et même dans le midi de l'Europe; les autres espèces appartiennent à l'extrême Orient.

Fig. 6. Papion.

Fig. 7. Choras.

Les *cynocéphales*, ainsi nommés parce que leur tête

ressemble à celle d'un chien (fig. 3), ont le museau allongé, marchent à quatre pattes, sont grands, d'un aspect féroce, sauvages, rusés, vindicatifs ; ils ont des formes hideuses et des callosités sanguinolentes. Citons parmi eux le *papion* (fig. 6), le *mandrill*, le *choras* (fig. 7), etc.

La tribu des *platyrhinins* ou *singes d'Amérique* comprend trois genres principaux : les *sapajous*, les *sagouins* et les *ouistitis*.

Les *sapajous* (fig. 8) ont la queue *prenante*, c'est-à-dire qu'elle peut s'enrouler autour des branches pour y suspendre le poids du corps ; ils vivent sur les arbres, où l'on voit les femelles faire des bonds de quinze à

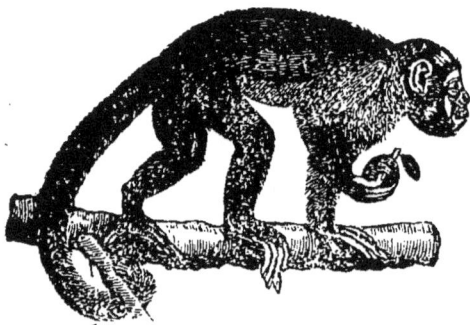

Fig. 8. Sapajou.

vingt pieds en sauvant leurs petits. Ce sont les plus robustes des singes d'Amérique ; ils secourent et emportent ceux d'entre eux qui sont blessés par les chasseurs. Leur chair est excellente à manger. A ce genre appartiennent les *alouattes* ou *singes hurleurs*, qui sont les plus grands singes du nouveau continent.

Les *sagouins* se distinguent des sapajous en ce que leur queue n'est jamais prenante ; aussi vivent-ils de préférence dans les broussailles : de là leur nom scientifique de *géopithèques* (singes terrestres). Parmi eux on

Fig. 9. Saki.

Fig. 10 Saïmiri.

trouve le *saki* (fig. 9) et le *saïmiri* (fig. 10), le plus intelligent des singes, dont la physionomie est pleine d'expression.

Les *ouistitis* (fig. 11) n'ont pas de queue prenante, et leur main est peu propre à la pré-hension ; mais leurs ongles sont des griffes aiguës qui faci-litent l'action de grimper. Ils ont une jolie fourrure, des mouvements vifs et légers,

Fig. 11. Ouistiti.

sont très-intelligents, d'un caractère doux, et faciles à apprivoiser.

Les LÉMURIENS n'ont pas, comme les singes, tous les ongles plats : l'ongle de l'index, et quelquefois celui du médius, sont en griffe. Ils n'ont ni abajoues, ni callo-sités ni queue prenante, et ils marchent presque exclusivement sur leurs quatre membres, dont, toute-fois, les pouces sont bien développés et opposés aux autres doigts. Leurs yeux sont dirigés obliquement ; leurs cavités nasales sont très-développées, et leur odorat est très-fin ; leurs dents incisives ne forment pas une rangée régulière comme chez les singes, et leurs molaires présentent des éminences pointues qui, les rapprochant des carnassiers, leur permettent de se nourrir de substances animales en même temps que de substances végétales. Leur pelage est ordinairement doux et moelleux. Presque tous les lémuriens viennent de l'île de Madagascar ou des terres voisines. Cette famille comprend cinq genres principaux : les *indris*, les *makis*, les *loris*, les *galagos* et les *tarsiers*.

Fig. 12. Maki.   Fig. 13. Loris.

Les *makis* (fig. 12), dont le nom latin (*lemur*) est

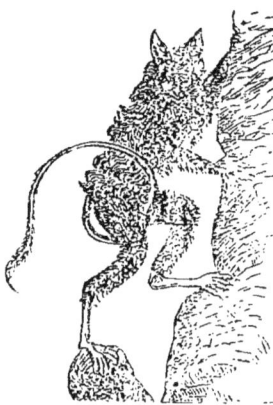

celui de la famille, ont les formes élancées, les membres bien proportionnés, la queue longue et touffue, les yeux bien séparés, le museau long et effilé, ce qui les a fait appeler *singes à museau de renard*. Ils ont un beau pelage, un caractère doux et beaucoup de gentillesse dans les mouvements. On les apprivoise bien dans les régions tempérées de

Fig. 14. Tarsier.

l'Europe. Les *loris* (fig. 13) se font remarquer par la
lenteur de leurs mouvements, qui les fait appeler *singes
paresseux*. Leurs habitudes sont nocturnes et ils se
nourrissent d'insectes. Les *tarsiers* (fig. 14) sont remarquables par la longueur de leurs *tarses*.

IVᵉ LEÇON.

CARNASSIERS. CHEIROPTÈRES ET INSECTIVORES.

Les CARNASSIERS, ainsi nommés parce qu'ils se
nourrissent de substances animales, ont, comme les
quadrumanes et les bimanes, trois sortes de dents, qui
sont favorablement conformées pour broyer et déchirer ces substances. Leur pouce n'est pas opposable aux
autres doigts ; leur cerveau, plus petit que celui des
quadrumanes, ne recouvre plus le cervelet. Leur odorat est très-fin, ce qui est dû au grand développement
des cavités nasales. Leur tête est développée en largeur ;
leurs orbites sont éloignées l'une de l'autre, et ne sont
pas séparées des fosses temporales par une cloison
osseuse complète ; leurs yeux regardent latéralement.

On divise les carnassiers en trois grandes familles,
les CHEIROPTÈRES, les INSECTIVORES et les CARNIVORES, qui
peuvent elles-mêmes être considérées comme trois
ordres distincts.

Les CHEIROPTÈRES, ainsi nommés des deux mots grecs
cheir, main, et *pteron*, aile, sont caractérisés par le
repli de peau étendu entre leurs quatre membres, et
qui leur permet de voler. On les partage en deux tribus : les *galéopithèques* et les *chauves-souris*.

Les *galéopithèques*, qui ont la taille d'un chat, se distinguent en ce que leur membrane, partie de l'angle de la bouche, s'attache aux membres et aux flancs, sans comprendre les doigts. Ils ne peuvent voler, mais seulement se soutenir de chute en chute, et ils grimpent facilement, à l'aide de leurs ongles acérés. Leurs habitudes sont nocturnes. Ces animaux, qui ne forment qu'un seul genre, sont originaires des contrées orientales de l'Asie ou des îles de l'Archipel indien.

Les *chauves-souris* (fig. 15 et 16) ont les doigts des

Fig. 15. Chauve-souris.

membres antérieurs extrèmement allongés, s'étendant comme les baguettes d'un parasol et supportant une membrane très-large. Les muscles pectoraux, qui meuvent ces membres, sont fortement développés, comme chez les oiseaux. Leurs oreilles, grandes, offrent ordinairement un appendice intérieur nommé *oreillon*, destiné à modérer l'intensité des sons. Leurs narines peuvent aussi, par un cornet

Fig. 16. Chauve-souris.

membraneux mobile, fermer ou ouvrir le passage aux odeurs. La sensibilité exquise de leur membrane les avertit de la présence des objets. Leur régime est, en général, insectivore, ce qui se reconnaît à leurs dents molaires hérissées de petites pointes, et leur gueule est énormément fendue, pour engloutir les insectes pendant le vol, qui a lieu la nuit ou au crépuscule. Pendant le jour, elles se cramponnent, par les ongles aigus de leurs membres postérieurs, à la voûte des cavernes ou dans le feuillage d'un arbre touffu, enveloppées dans leur membrane. Les espèces des pays froids ou tempérés s'engourdissent pendant l'hiver.

Certaines chauves-souris sont frugivores, c'est-à-dire se nourrissent de matières végétales : ce sont les *roussettes,* qui ont la tête longue, le museau pointu, la couronne des molaires plate, les oreilles petites et sans oreillon, et dont une espèce, la *roussette comestible,* est très-bonne à manger. Elles ne se trouvent que dans les contrées les plus méridionales de l'ancien continent.

Les chauves-souris insectivores, beaucoup plus nombreuses, comprennent divers genres, dont le principal est celui des *vespertilions,* auquel appartient la

Fig. 17. Oreillard.

chauve-souris ordinaire, et qui comprend certaines espèces appelées *oreillards* (fig. 17), à cause de leurs oreilles très-grandes se réunissant sur le sommet de la tête. Les *rhinolophes* ou *fers-à-cheval* forment un autre genre, caractérisé par une crète nasale très-développée et double, dont la forme a été comparée à celle d'un fer à cheval. Les *phyllostomes* sont un genre américain auquel appartient l'espèce appelée *vampire*, dont la langue peut se rouler en ventouse pour sucer le sang des animaux.

La famille des INSECTIVORES ressemble à la précédente par l'habitude de se nourrir principalement d'insectes, et par une conformation des dents appropriée à ce régime, notamment par des molaires à éminences pointues engrenant les unes dans les autres. Ces animaux ont aussi des habitudes nocturnes; mais ils ont les membres propres à marcher et à creuser le sol. On distingue parmi eux le *hérisson* et la *taupe*, si connus dans nos campagnes, et la *musaraigne*, le plus petit des quadrupèdes.

Le *hérisson* (fig. 18) est très-reconnaissable aux piquants nombreux dont sa peau est hérissée, et qu'il

Fig. 18. Hérisson.

redresse en se roulant en boule lorsqu'il est en danger. Il construit et dispose son terrier avec une sagacité admirable, et y pratique plusieurs chambres. Trèsindolent, il passe presque tout le jour à dormir, et, le soir, il se met en campagne. Les *tenrecs*, que l'on trouve à l'île de Madagascar, ressemblent aux hérissons par leurs piquants, mais ne peuvent se rouler en boule.

La *taupe* a la tête terminée par un boutoir pointu, armé d'un os à son extrémité, et qui est très-propre à percer la terre. Les muscles de son cou sont, pour cela, très-vigoureux ; sa main, large et robuste, se termine par des ongles énormes et tranchants, et les muscles pectoraux s'attachent à un sternum portant une crête. Aussi les taupes pratiquent-elles leurs galeries avec une rapidité surprenante. Les yeux sont petits dans toutes les espèces, mais suffisent pour les avertir lorsque, en creusant, elles approchent de la clarté du jour. Une espèce de taupe est aveugle, l'œil n'étant pas développé chez elle.

La *musaraigne* (fig. 19) ressemble assez bien à la souris ; mais elle en est très-différente par la manière de se nourrir, et on la reconnaît aisément à son museau effilé. Elle habite les champs, les bois, le bord des eaux. Ce petit animal exhale,

Fig. 19. Musaraigne d'eau.

à certaines époques, une humeur grasse et fétide, dégoûtant les chats et les chiens. Les *desmans*, qui ressemblent aux musaraignes, s'en distinguent à leur museau, terminé par une espèce de trompe mobile.

Vᵉ LEÇON.

SUITE DES CARNASSIERS. CARNIVORES. PLANTIGRADES. DIGITIGRADES. MARTRES ET LOUTRES.

Les CARNIVORES forment une famille nombreuse, où l'on trouve les plus redoutables d'entre les carnassiers. Ils ont en général le caractère sanguinaire, se nourrissent de chair fraîche et de proie vivante, et vivent solitaires. Leur bouche est puissamment armée ; ils ont, à chaque mâchoire, six incisives fortement serrées, deux canines grosses et saillantes ; des molaires, en nombre variable, dont la couronne présente des éminences tranchantes et qui s'engrènent à la manière des ciseaux. L'une de ces molaires, appelée *carnassière*, se fait remarquer par sa grosseur et son tranchant. Leurs ongles sont aigus et tranchants, leur système musculaire puissamment développé, principalement les muscles qui meuvent les mâchoires. Aucun d'eux n'a de clavicule. Le canal digestif des carnivores n'offre pas une grande longueur, leur nourriture, de nature animale, n'ayant pas besoin d'une longue élaboration pour être assimilée à leur substance. Toutefois, un certain nombre ont les penchants carnivores moins marqués, et cette différence correspond aussi à des différences dans leur organisation.

La famille des carnivores a été divisée en trois tribus : les *plantigrades*, qui, comme les ours, marchent sur la plante du pied ; les *digitigrades*, qui, comme le chat, le chien, le lion, etc., n'appuient sur le sol que

CARNASSIERS.   29

l'extrémité des doigts ; les *amphibies*, qui, comme les phoques ou veaux-marins, vivent principalement dans l'eau et se nourrissent de poissons.

Les animaux de la tribu des *plantigrades* appuient sur le sol leur plante entière, qui est dépourvue de poils. Ils peuvent se tenir debout, et leurs ongles aigus leur permettent de grimper, mais leurs mouvements sont lourds. Ce sont les moins carnassiers de la famille ; ils préfèrent à la chair les substances végétales, notamment les fruits et le miel, et ils établissent le passage entre les animaux frugivores et les carnivores. Leurs molaires ne sont pas tranchantes. Robustes, sauvages, défiants, habitant les solitudes des forêts et des montagnes, ils vivent dans un terrier ou une bauge dont ils s'écartent peu, et leurs habitudes sont nocturnes. Ils s'engourdissent pendant l'hiver comme les insectivores. On en trouve par tout le globe, mais principalement dans les climats septentrionaux, où on les chasse pour leur fourrure épaisse. Parmi les genres que comprend la tribu des plantigrades, nous distinguerons les *ours,* les *ratons,* les *blaireaux* et les *gloutons.*

L'*ours* a le corps trapu, la taille élevée, la plante des pieds large, la queue courte, le museau allongé et mobile, l'œil petit et étincelant. Il préfère à la chair les fruits sucrés et les racines tendres. On en compte une douzaine d'espèces, parmi lesquelles on distingue l'*ours brun* (fig. 20) et l'*ours blanc.* Le premier, très-défiant et très-retiré, se trouve dans toutes les grandes forêts et sur toutes les hautes montagnes de l'Europe et d'une grande partie de l'Asie ; le miel est son aliment de prédilection. L'*ours blanc,* dont la taille est encore plus élevée, mais qui a la tête moins grosse, plus allongée et les formes plus sveltes, habite les froides régions polaires,

Fig. 20. Ours brun.

où il vit de proie vivante, poursuivant les phoques et
les morses jusque sous les glaces.

Les *ratons* sont des animaux d'Amérique qui ressemblent aux ours, mais sont moins grands et de formes
moins lourdes.

Les *blaireaux* (fig. 21) ressemblent aux ours par la
lourdeur de leurs formes et leurs habitudes nocturnes,
mais sont beaucoup plus carnassiers. Leurs ongles

Fig. 21. Blaireau.

antérieurs, forts
et tranchants,
leur permettent
de se creuser
un terrier. Leurs
membres sont
très-courts, et les
longs poils de leur ventre touchent la terre quand ils
marchent. Lorsqu'on les attaque, ils se couchent sur
le dos et sont redoutables. Ils ont sous leur queue, qui
est courte, une poche d'où suinte une humeur grasse
et fétide.

Les *gloutons*, qui ressemblent aux blaireaux par plusieurs caractères, se distinguent par des ongles plus
aigus, leur permettant de grimper. Ils se rapprochent,

par leurs habitudes plus carnassières, des martres et
des putois.

La tribu des *digitigrades* comprend des animaux
qui, n'appuyant sur le sol que l'extrémité des doigts,
ont la marche plus agile et peuvent poursuivre une proie
à la course. Ils ont des appétits sanguinaires, des dents
et des griffes tranchantes. Ces dernières, chez un grand
nombre d'entre eux, sont *rétractiles*, c'est-à-dire, peuvent se retirer pour ne pas s'user pendant la marche ;
c'est ce qu'on observe chez le chat, quand il fait *patte
de velours*. Parmi les genres contenus dans cette tribu,
nous citerons les *martres*, les *loutres*, les *chiens*, les
hyènes et les *chats*.

Les *martres* forment un genre nombreux de petits
quadrupèdes au corps allongé et aux pattes courtes,
que l'on a, pour cette raison, nommés *vermiformes*.
Leurs ongles ne sont pas rétractiles. Répandus dans
toutes les parties du monde, principalement dans les
contrées septentrionales, ils se tiennent ordinairement
sur la lisière des bois, d'où ils font des excursions dans
les campagnes. Ces animaux répandent une odeur
fétide, provenant de glandes situées près de l'anus et
sécrétant une matière grasse. Le genre *martre* comprend trois sous-genres : les *mouffettes*, les *martres
propres* et les *putois*.

Les *mouffettes* (fig.
22), dont le nom vient
de leur mauvaise odeur
(*méphitis*), qui est telle que les chiens re-
fusent de les poursui-
vre, se trouvent prin-
cipalement en Amérique.

Fig. 22. Coase.

Les *martres propres* se font remarquer par leurs
formes sveltes, leur agilité et leur caractère carnassier.
Elles se nourrissent de petits quadrupèdes, d'oiseaux et
d'œufs. On en trouve partout, mais principalement
dans les régions septentrionales. Leurs principales
espèces sont la *fouine* (fig. 23 et 24), la *martre com-*

Fig. 23. Fouine.   Fig. 24. Tête de fouine.

mune et la *zibeline*. Cette dernière, dont la fourrure
est la plus estimée, est d'un brun plus foncé que les
deux autres. Le dessous de la gorge et du cou est blan-
châtre chez la fouine, jaunâtre chez la martre.

Les *putois*, qui tirent leur nom de leur odeur désagréable, sont les plus carnassiers du genre martre, et
le fléau des poulaillers. Nos régions en possèdent trois

Fig. 25. Putois commun.

espèces : le *putois
commun* (fig. 25),
terreur des lapins
et des volailles, un
peu plus petit que
la fouine, avec la
queue plus courte, les flancs jaunâtres et la tête marquée de taches blanches; le *furet*, qui sert à faire la
chasse aux lapins, et qui a le pelage jaunâtre, les yeux
roses, le corps plus allongé et plus mince que le putois,
la tête plus étroite et le museau plus pointu; la *belette*,
ordinairement d'un roux uniforme et qui devient quelquefois blanche, ce qui la fait ressembler à l'*hermine*,
si estimée pour sa fourrure. Cette dernière, toutefois,

se distingue de la belette à ce que celle-ci, lorsqu'elle est blanche, a l'extrémité de la queue jaunâtre, tandis qu'elle est noire chez l'hermine.

Les *loutres* diffèrent des martres par leurs formes plus lourdes, leur tête écrasée, leur queue aplatie horizontalement, leurs pieds palmés, en rapport avec leurs habitudes aquatiques. Elles vivent de poisson, dont elles font une pêche abondante, et elles creusent leur terrier sur le bord des rivières ou de la mer, en établissant la communication avec l'eau par un boyau allongé. La *loutre commune*, longue d'environ deux pieds, diffère de la *loutre de mer*, qui est d'une grandeur double, en ce que la fourrure de celle-ci est beaucoup plus belle.

VIᵉ LEÇON.

CARNASSIERS. SUITE DES CARNIVORES DIGITIGRADES.
CHIENS, CIVETTES, HYÈNES.

Dans le genre désigné par le nom de *chiens*, sont compris non-seulement les chiens proprement dits, mais encore divers autres animaux tels que le loup, le chacal, le renard, etc. Cinq doigts aux pieds de devant, quatre à ceux de derrière ; membres longs et agiles, mais dont les ongles non rétractiles s'usent sur le sol ; deux dents tuberculeuses après la carnassière, qui est énorme ainsi que la canine (*canis, chien*) ; odorat exquis : tels sont les caractères de ce genre, qui comprend les plus intelligents des carnassiers. La sagacité du chien, la finesse du renard et les ruses du loup, sont devenues proverbiales.

Le genre *chien* est divisé en deux sous-genres : 1° les *chiens*, comprenant le chien domestique, le loup et le chacal ; 2° les *renards*.

Le *chien domestique* (fig. 26 à 30) n'est pas connu à l'état sauvage primitif ; mais il existe des chiens sauva-

Fig. 26.

Tête de chien.

ges, provenant d'individus ayant vécu dans la domesticité : ils vivent en troupe et chassent ensemble. Le chien, dans la domesticité, se montre gardien fidèle, chasseur sagace, attaché à l'homme et attaquant, pour le défendre, le tigre et le lion eux-mêmes. Cette espèce comprend une multitude de variétés, qui peuvent se rapporter à trois divisions principales. A la première appartiennent le *lévrier*, aux formes svel-tes, et le *mâtin*, remarquable par sa force, sa gran-de taille, son at-tachement à son maître. A la se-conde, *le chien de berger*, qui ressemble un peu au mâtin, mais a le poil plus long, le museau plus allongé et la queue dirigée

Fig. 27. Chien-loup.

Fig. 28. Chien courant.

horizontalement ou en bas ; le *chien-loup* (fig. 27), dont la queue est touffue et très-relevée ; le *chien courant*

(fig. 28), chien de chasse par excellence, qui a le poil
court et les jambes musculeuses ; l'*épagneul,* reconnaissable à ses longs
poils soyeux, à
ses oreilles lon-
gues et pendan-
tes, et auquel se
rapporte le *setter*
(fig. 29) ; le *bas-
set,* qui se rap-

Fig. 29. Setter, chien de chasse anglais.

proche du chien courant mais a les jambes très-courtes ;
le *barbet,* le plus intelligent de tous, dont le *caniche*

Fig. 30. Chien barbet.

(fig. 30) et le *griffon* sont des variétés. La troisième
division comprend les *dogues* et les *doguins* ou *carlins,*
caractérisés par leur museau court.

Le *loup* (fig. 31) ressemble au mâtin ; mais il a la
queue droite, tandis que le chien l'a retroussée. On le
trouve dans la plupart des contrées de l'Europe. Il est
gris fauve avec une raie noire sur les pattes de devant,
fort, agile, infatigable, rapace, féroce et rusé. Les
loups se réunissent par troupes pour attaquer les grands
quadrupèdes, tels que le bœuf et le cheval. Le *chacal*

ressemble au loup, mais est plus petit ; sa queue est touffue comme celle du renard, avec lequel il a de l'analogie. Son pelage fauve clair lui a valu le nom de *loup doré*. On le trouve en Asie et en Afrique, par troupes de trois et quatre cents.

Fig. 31. Loup.

Les *renards* (fig. 32) se distinguent des chiens par leur tête plus grosse, leur museau plus pointu, certaines différences dans la denture, une queue plus longue et plus touffue. Leur pupille se contracte en long, et non circulairement. Cet animal, ex- trêmement rusé, est le fléau des basses-cours, des garennes et des poulaillers ; mais

Fig. 32. Renard.

heureusement ses griffes ne sont pas assez aiguës pour grimper aux murs comme les putois. Sa fourrure est très-estimée. On en connaît une douzaine d'espèces, dont la plus commune est le *renard ordinaire*.

Le genre *civette* ressemble au genre martre par les formes allongées et la brièveté des membres. Le systè- me dentaire des civettes tient le milieu entre celui des martres et celui des chiens. Leurs ongles sont un peu rétractiles. Elles ont sous la queue des glandes analo- gues à celles du blaireau, sécrétant une humeur grasse et musquée. Ce genre se divise en trois sous-genres : les *civettes* (fig. 33), qui ont la pupille ronde, les *genet-*

Fig. 33. Civette.

tes, qui l'ont oblongue, et les *mangoustes* (fig. 34), remarquables par l'extrême brièveté de leurs pattes.

Fig. 34. Mangouste.

L'ichneumon, que les Egyptiens supposaient à tort s'introduire dans le corps du crocodile pour lui déchirer les entrailles, est une espèce de mangouste, fort friande des œufs de ce reptile.

Le genre *hyène* (fig. 35), qui a de la ressemblance avec le genre chien, en diffère par le nombre des doigts, qui est de quatre à chaque membre; par les aspérités qui hérissent la langue;

Fig. 35. Hyène.

par la crinière qui règne le long du cou ; par l'allure bizarre et la position oblique due à la flexion des pattes de derrière, et enfin par la poche glanduleuse située au-dessus de l'anus. Les hyènes ont les dents très-fortes et les muscles des mâchoires très-énergiques, ce qui leur permet de briser les os des plus grands quadrupèdes. Elles sont très-voraces, mais préfèrent généralement les chairs qui ont subi un commencement de putréfaction. Leurs habitudes sont nocturnes. Elles habitent les contrées méridionales de l'Afrique et des Indes.

VIIe LEÇON.

CARNASSIERS. SUITE DES CARNIVORES DIGITIGRADES. CHATS. CARNIVORES AMPHIBIES.

Les *chats* sont, de tous les carnassiers, les plus faciles à reconnaître. Tête arrondie (fig. 36), mâchoires très-courtes mues par des muscles énormes, molaires toutes tranchantes, papilles aiguës hérissant la langue, souplesse et flexibilité de la colonne vertébrale, griffes rétractiles, force et élasticité des membres, tels sont les caractères qui distinguent ce genre,

Fig. 36. Tête de chat. comprenant les plus féroces et les plus redoutables d'entre les carnassiers. Ils s'élancent par bonds, qui sont terribles, mais sont peu propres à poursuivre une proie, leur course n'étant en quelque sorte qu'une suite de bonds; aussi se placent-ils en embuscade pour s'élancer sur elle au passage. Leur ouïe est-très fine, et ils voient la nuit comme le jour, leur pupille étant très-contractile et susceptible de se dilater énormément dans l'obscurité.

Ces animaux, plus répandus dans les régions du midi que dans celles du nord, vivent solitaires, et ne souffrent aucun partage du domaine qu'ils se sont réservé pour y chercher leur proie. Le mâle chasse loin de lui la femelle, et dévorerait même ses petits si elle ne les dérobait. Celle-ci est très-féroce pour la défense de sa progéniture.

Le genre chat se divise en trois sous-genres : les *chats,* les *lynx* et les *guépards.*

Les *chats* se distinguent des lynx par leur queue longue et leurs oreilles rondes. C'est à ce sous-genre qu'appartiennent le *lion,* le *tigre,* le *chat ordinaire,* la *panthère* et le *léopard,* pour l'ancien continent; le *jaguar* et le *cougouar* pour le continent américain.

Le *lion* (fig. 37) a la taille imposante, la tête volumineuse, la queue terminée par un flocon de poils; sa couleur est uniformément fauve. Sa hauteur est de trois à quatre pieds, sa longueur de cinq à sept. Le cou du mâle est garni d'une crinière épaisse.

Fig. 37. Lion.

Le nombre des petits est de deux ou trois. Le lion habite les déserts sablonneux du centre de l'Afrique et les contrées sauvages de l'Asie.

Le *tigre* (fig. 38), plus rare que le lion, ne se trouve qu'aux Indes-Orientales. Il a le corps un peu allongé, et la tête plus petite que celle du lion, mais beaucoup

Fig. 38. Tigre.

de force et de souplesse, et ses bonds sont d'une impé-
tuosité remarquable. Sa férocité n'est ni plus ni
moins grande que celle des autres animaux de ce
genre. Son pelage, très-beau, est d'un fauve vif sur le
dos, blanc pur sous le ventre, marqué, sur les flancs,
de raies transversales d'un noir foncé.

Le *chat ordinaire* (fig. 39) est la plus petite espèce
de ce sous-genre, et la seule qu'on trouve en Europe.

Fig. 39. Chat domestique.

Sa taille n'atteint jamais deux pieds. Il a le pelage gris-
brun avec ondes transversales, le ventre et le dedans
des cuisses plus pâles. Autrefois très-commun dans

nos bois, il devient de plus en plus rare. Il donne la chasse aux lièvres, aux lapins, aux écureuils, aux perdrix, aux cailles et autres oiseaux. C'est de cette espèce que viennent les variétés de nos *chats domestiques,* dont le plus beau est le chat d'*Angora.*

La *panthère,* originaire des parties septentrionales et occidentales de l'Afrique, tient le milieu entre le léopard et le jaguar. Elle porte, sur les flancs, des taches noirâtres, formant six ou sept lignes transversales. Sa férocité est très-grande.

Le *léopard,* originaire de la Guinée et du Sénégal, a environ un mètre de long; son pelage, jaune sur le dos et blanc sous le ventre, est parsemé de taches noires arrondies.

Le *jaguar,* appelé aussi *tigre d'Amérique* ou *grande panthère,* et très-estimé pour sa fourrure, se trouve au Brésil, au Paraguay, à la Guyane, au Mexique, et dans toutes les contrées méridionales de l'Amérique. Son pelage est fauve, tacheté de noir comme ceux du tigre, du léopard et de la panthère; mais les couleurs sont plus vives et plus pures. D'une indomptable férocité, il est très-dangereux pour les troupeaux.

Le *cougouar,* appelé *lion d'Amérique* à cause de son pelage presque uniformément fauve, est peu robuste et peu belliqueux.

Les *lynx* (fig. 40) se distinguent des chats par leur queue plus courte, et par leurs oreilles pointues terminées par un bouquet de poils, qui manque cependant chez certaines espèces (fig. 41). Parmi eux

Fig. 40. Lynx.

Fig. 41. Lynx du Canada.

on distingue le *loup-cervier*, dont la voix a été comparée au hurlement du loup, et qui poursuit particulièrement le cerf. Le *caracal*, lynx d'un rouge vineux à peu près uniforme, originaire de la Perse et de la Turquie, paraît être l'espèce à laquelle les anciens attribuaient la faculté merveilleuse de voir à travers les murs.

Le *guépard* ou *tigre chasseur des Indiens,* qui sert à la chasse des gazelles et autres quadrupèdes, est la seule espèce formant le troisième sous-genre. Il a la tête plus courte que les animaux des deux sous-genres précédents, et ses ongles sont à peine rétractiles. Il ressemble au léopard, mais en diffère par ses taches uniformes, ses jambes plus hautes, sa queue longue et annelée de noir à son extrémité.

Les *amphibies,* qui forment la troisième tribu des carnivores, ressemblent par leurs habitudes aux cétacés, mais les principaux détails de leur organisation doivent les faire ranger parmi les carnassiers. Ils ont le corps allongé, l'épine dorsale flexible, les membres courts et disposés en nageoires ; ceux de derrière, dirigés presque parallèlement, semblent former une queue de poisson : aussi ces animaux, qui nagent très-bien, ne peuvent-ils que se traîner lorsqu'ils sont à terre.

Leur poil est ras et huileux, serré contre la peau.
L'ouverture de leurs narines est entourée d'un muscle
circulaire qui empêche l'entrée de l'eau, ce qui facilite
l'action de plonger, d'autant plus que leur foie contient
une grosse veine où le sang peut s'accumuler lorsqu'ils
retiennent leur respiration sous l'eau. De là leur nom
d'*amphibies*. Ils se nourrissent de poissons et de mollusques, vivent par troupes très-nombreuses, très-
attachés les uns aux autres, et se trouvent dans la
plupart des mers, mais principalement dans les mers
glaciales. La tribu des amphibies ne comprend que
deux genres : les *phoques* et les *morses*.

Les *phoques* (fig. 42) ont le museau plus ou moins
conique, garni de fortes moustaches, la tête ronde, le
crâne vaste et le cerveau bien développé, les yeux
grands, exprimant l'intelligence et la douceur. Ils sont
faciles à apprivoiser et dociles à la voix de leur maître,

Fig. 42. Phoque.

dont ils lèchent les pieds comme le chien. On les rencontre dans presque toutes les mers, et ils sont assez
abondants, quoiqu'ils ne fassent que deux petits. Leur
huile sert au tannage et à l'éclairage ; leur peau donne
une fourrure grossière, ou sert à faire des outres, à
couvrir des malles, etc. Le *phoque commun* ou *veau
marin* est le plus répandu, et aussi le plus petit. Il

abonde surtout dans les régions septentrionales. Sa
taille est de trois à cinq pieds ; son pelage est marbré
de jaune et de brun. Le *phoque ursin* ou *ours marin*
est long d'environ huit pieds ; il habite les côtes de
l'océan Pacifique.

Les *morses* (fig. 43) sont appelés *vaches marines,*
probablement à cause de leur taille beaucoup plus
grande que celle des veaux marins, et de leur voix qui
a quelque rapport avec le mugissement d'un bœuf. On
les appelle aussi *chevaux marins.* Ils ressemblent beau-

Fig. 43. Morse.

coup aux phoques, mais les deux canines de leur
mâchoire supérieure font hors des lèvres une saillie de
plus de deux pieds ; leur museau est relevé, et leurs
narines sont tournées presque directement en haut ;
leur mâchoire inférieure est très-étroite. Les morses,
dont la denture est moins propre au régime animal
que celle des phoques, se nourrissent non-seulement
de poisson, mais encore de plantes aquatiques.

VIIIe LEÇON.

ORDRE DES RONGEURS.

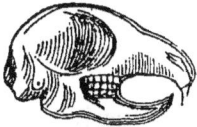

Les animaux de cet ordre sont ainsi nommés à cause de l'habitude qu'ils ont de ronger, et de la disposition favorable de leurs dents pour cet usage. Leurs incisives (fig. 44), longues et tranchantes, sont taillées en biseau d'arrière en avant ; elles se reproduisent à mesure qu'elles s'usent, et s'aiguisent par l'action, l'émail de leur face antérieure étant plus résis-tant que celui de leur face postérieure. Ils n'ont pas de canines ; quant à leurs molaires, elles varient de caractère, certaines espèces de rongeurs étant carnassières et insectivores, tandis que les autres sont frugivores. L'articulation de leur mâchoire permet un mouvement assez étendu d'avant en arrière, ce qui favorise encore l'action de ronger. Au reste, les muscles qui meuvent cette mâchoire sont faibles, et leur tête est étroite, ce qui, avec l'absence des canines, les rend impuissants à déchirer une proie. Aussi la plupart sont-ils timides, se tenant cachés tout le jour et ne vivant que de substances végétales ; leur intestin, long et renflé, est approprié à ce régime. Ils ont en général les membres postérieurs plus longs que les antérieurs, ce qui les fait courir par bonds. Leur museau, bombé et arrondi, est garni de moustaches longues et raides. Leur vue et leur ouïe sont très-subtiles ; quelques-uns ont l'odorat très-fin. Plusieurs

Fig. 44.

Tête de rongeur.

s'engourdissent pendant l'hiver. Leur multiplication
est très-grande, malgré les nombreux ennemis qui les
poursuivent et les destructions qu'ils font les uns des
autres lorsqu'ils sont pressés par la faim. On en trouve
sur tous les points du globe ; les espèces du nord présentent une belle fourrure.

L'ordre des rongeurs, le plus nombreux des mammifères après celui des carnassiers, se divise en deux sections : les *claviculés,* qui ont une clavicule complète, et
les *acléidiens,* chez lesquels cet os n'existe pas ou n'existe
qu'incomplètement, ce qui rend leur poitrail plus
étroit. A la section des rongeurs claviculés appartiennent les *écureuils,* les *marmottes,* les *loirs,* les *chinchillas,*
les *rats,* les *gerboises,* les *rats-taupes,* les *castors;* dans celle
des acléidiens, beaucoup moins nombreuse, nous trou-
vons les *porcs-épics,* les *lièvres,* les *cabiais,* les *cobayes,* les
agoutis. Disons quelques mots de chacun de ces genres.

Les *écureuils* (fig. 45), reconnaissables, entre autres

caractères, à leur queue
longue et velue, for-
ment un genre nom-
breux, comprenant en-
viron quarante espèces,
et se divisant en quatre
sous-genres : les *écu-
reuils,* les *guerlinguets,*
les *polatouches* et les *ta-
mias.* Au premier sous-
genre, si connu par sa

Fig. 45. Ecureuil.

gentillesse, la finesse de sa physionomie et l'élégance
de ses formes, appartient l'*écureuil commun,* dont la
fourrure, qui devient, dans le nord, d'un gris cendré
pendant l'hiver, prend les noms de *vair* et de *petit-*

gris. Les écureuils habitent une petite bauge qu'ils se construisent avec des morceaux de bois dans la bifurcation des branches; c'est de là qu'ils sortent vers le soir pour chercher leur nourriture et folâtrer de branche en branche. Ils accumulent, pour l'hiver, des provisions de fruits secs à la portée de leur demeure. Les *polatouches* sont remarquables par un repli de la peau des flancs s'étendant entre les quatre membres comme chez les galéopithèques, et qui leur sert de parachute.

Les *marmottes* (fig. 46) ont une organisation très-analogue à celle des écureuils, mais leurs formes sont lourdes. Elles ont le corps large et aplati, la tête écrasée, les oreilles petites,

Fig. 46. Marmotte.

les jambes basses, la queue médiocre ou courte, la fourrure grossière. Elles vivent paisiblement en troupes dans des terriers profonds, où elles accumulent une grande quantité d'herbe sèche pour se coucher. La *marmotte des Alpes*, que montrent les petits savoyards, habite immédiatement au-dessous des neiges perpétuelles, et s'engourdit pendant six mois, de novembre à avril. Les marmottes, ainsi que les écureuils, mêlent un peu de substances animales à leur régime végétal.

Les *loirs*, sveltes comme les écureuils, petits, fort doux, ont l'œil vif et les mouvements agiles, la queue longue et généralement velue. Ils vivent spécialement de fruits tendres ou secs, rarement d'œufs ou autres substances animales. Leur chair est assez agréable à manger. Le plus petit est le *muscardin*, qui égale à peine la souris.

Les *chinchillas* (fig. 47), voisins des loirs par leur organisation, s'en distinguent par leur pelage bien plus doux, leur queue médiocre et leur taille qui égale presque celle d'un lapin. Leur

Fig. 47. Chinchilla.

fourrure, d'une grande finesse, est très-estimée. Ils habitent les montagnes du Pérou et du Chili.

Les *rats* sont de petite taille, et ont les membres de devant à peu près égaux à ceux de derrière. Ce genre, le plus nombreux de l'ordre des rongeurs, comprend environ soixante espèces, formant cinq sous-genres : 1° les *hamsters*, rats de campagne, qui se distinguent par leurs abajoues, leur queue courte et velue, leurs yeux grands et vifs, leurs formes lourdes, et leur habitude d'accumuler d'énormes provisions pour l'hiver, qu'ils passent dans l'engourdissement ; 2° les *rats proprement dits*, reconnaissables à leur queue longue et marquée transversalement de petites écailles d'où sortent quelques poils courts, sous-genre auquel appartiennent la *souris* et le *rat commun*, hôtes incommodes de nos maisons, le *surmu-*

Fig. 48. Rat d'eau.

lot, espèce très-carnassière, qui fréquente les voiries et les abattoirs, le *mulot* ou *rat des champs,* le *rat géant des Indes* et le *rat musqué des Antilles,* remarquables par leur taille ; 3° les *campagnols* (fig. 48 et 49), qui ressem-

Fig. 49. Campagnol.

blent aux hamsters et ont des ongles propres à fouir la
terre, mais manquent d'abajoues, ont la queue longue
et velue, ne font pas de grandes provisions et ne s'engourdissent pas pendant l'hiver ; 4° les *lémings*, originaires des pays septentrionaux, analogues aux campagnols dont ils se distinguent par la brièveté de leur
queue, et faisant de grands ravages dans les campagnes qu'ils parcourent en troupes innombrables.

Les *gerboises* se distinguent aisément de tous les
autres rongeurs claviculés par la longueur excessive de
leurs membres postérieurs, qui n'ont que trois doigts,
et dont elles se servent, avec leur queue, pour s'élancer
en avant. Les anciens les appelaient *rats à deux pieds*.

Les *rats taupes* tiennent des rats et des taupes. Ils
ont les pattes courtes et les ongles vigoureux pour
creuser la terre ; leurs yeux sont petits ou nuls, leur
corps lourd et informe, leur queue courte et quelquefois nulle.

Les *castors* (fig. 50) ressemblent beaucoup aux rats;
mais leur taille est plus grande, leurs pieds postérieurs
sont palmés, leur queue est ovale, écailleuse et aplatie
horizontalement. Leurs habitudes sont aquatiques ; ils

Fig. 50. Castor.

nagent et plongent comme les phoques, et ont comme eux les narines fermées par une valvule mobile pour empêcher l'eau d'y pénétrer. Ils se construisent, avec un art merveilleux, des cabanes de quatre à six pieds de diamètre, arrondies ou ovales, ayant deux étages dont l'inférieur, au-dessous du niveau de l'eau, sert à conserver leurs provisions. Les murs de ces cabanes sont formés de branches d'arbres, cimentées avec de la terre gâchée, à l'aide de leur large queue faisant office de truelle. Quand ils veulent s'établir sur un cours d'eau, ils se réunissent en troupes de plusieurs centaines, et forment en travers une digue et souvent plusieurs, pour assurer un niveau à peu près constant. Un arbre renversé forme la base de leur digue; ils enfoncent ensuite, de distance en distance, des pieux qui, poussant plus tard des branches, augmentent la solidité de l'ouvrage. Le travail commun étant terminé, les castors se divisent en troupes de trente à quarante, qui bâtissent leurs huttes particulières comme au bord d'un lac. Pour assurer leur sécurité, ils placent des sentinelles qui avertissent la troupe en frappant sur l'eau un coup de leur queue, que l'on entend de très-loin.

Lorsqu'on menace leurs huttes, ils se réfugient dans des terriers sur la rive. Les chasseurs les poursuivent pour leur peau et pour l'humeur analogue au musc, appelée *castoréum*, qu'ils produisent. On n'en connaît qu'une espèce, le *castor du Canada*; cependant on rencontre, dans les rivières d'Europe, un animal entièrement semblable au castor et appelé *bièvre*, qui vit solitaire et ne construit pas de huttes.

Les *porcs-épics* (fig. 51) ressemblent aux hérissons par leurs piquants; mais ces piquants, qui tombent facilement, sont longs, clair-semés, creux comme le tuyau d'une plume. Du reste, l'organisation des porcs-épics est analogue à celle du lapin; ils vivent principalement de graines, de racines, quelquefois

Fig. 51. Porc-épic.

d'œufs et de petits oiseaux, et s'éloignent peu de leur trou. Le *porc-épic ordinaire*, plus grand que le lièvre et le castor, fait entendre un grognement comparable à celui du porc. Cet animal, qui habite l'Italie, l'Espagne, le nord de l'Afrique, a les mouvements lents, la démarche lourde, et s'engourdit pendant l'hiver, mais moins profondément que les autres rongeurs. Ainsi que nous l'avons vu plus haut, le porc-épic, comme les autres rongeurs dont il nous reste à parler, se distingue des genres précédents par le défaut de clavicule.

Les *lièvres* (fig. 52) ont l'intérieur de la bouche garni de poils, la lèvre supérieure fendue, quatre et

même six incisives dans le jeune âge. On les rencontre
sur tout le globe. Ils habitent un terrier ou un gîte

Fig. 52. Lièvre.

dans les herbes ou
les broussailles, sont
très-timides et ne
sortent que le soir.
Les *lièvres* propre-
ment dits, dont le
lapin est une varié-
té, ont cinq ou six petits et sept ou huit portées ; mais
les animaux carnassiers en détruisent une grande
quantité. Les *picas* ou *lagomys (lièvre-rat)* diffèrent des
lièvres par la brièveté des oreilles, l'égalité des pattes,
le manque absolu de queue et la taille plus petite.

Les *cabiais* sont les plus grands des rongeurs ; leur
taille égale celle d'un petit cochon. Leur peau, épaisse,
est garnie de poils courts, analogues à ceux des phoques ; leurs pattes, courtes, ont quatre doigts devant et
trois derrière, réunis par une membrane pour la natation, aussi leurs habitudes sont-elles aquatiques. Ils se
nourrissent principalement de poisson, mais aussi de
fruits et de racines, et cherchent leur subsistance en
compagnie. Ce genre ne comprend qu'une espèce.

Il en est de même du genre *cobaye,* qui diffère du
précédent par la petitesse de la taille, par les doigts

Fig. 53. Cochon d'Inde.

libres, au nombre de
trois en avant et de
quatre en arrière. La
seule espèce connue de
ce genre est l'*apéréa,*
qui habite l'Amérique-
Méridionale, et d'où
paraît provenir le *co-*

chon-d'Inde (fig. 53), que nous élevons en domesticité, et qui donne de cinq à huit petits tous les deux mois. L'apéréa, qui se fait remarquer par la grosseur de son cou et l'absence de queue, a des habitudes analogues à celles du lapin, mais se tient dans les fentes des rochers. C'est un assez bon gibier.

Les *agoutis* ressemblent aux cobayes ; mais ils ont une queue, des formes plus sveltes, des pattes plus longues et la lèvre supérieure fendue. Ils sont agiles comme le lièvre, principalement quand le terrain monte, et cela à cause de la grande longueur de leurs pattes de derrière.

IXᵉ LEÇON.

CINQUIÈME ET SIXIÈME ORDRES DES MAMMIFÈRES.
ÉDENTÉS ET MARSUPIAUX.

Les ÉDENTÉS sont ainsi appelés parce qu'ils manquent d'incisives, de canines, et souvent de toute espèce
de dents (fig. 54). Ils ont des formes bizarres, les
membres mal proportion-
nés, des doigts courts et
presque entièrement enve-
loppés dans des ongles énormes comme dans des espè-
Fig. 54. Tête de pangolin.
ces de sabots qui ne leur laissent presque pas de mobilité ; leur avant-bras ne peut faire de mouvement de
rotation. Aussi, certains d'entre eux sont-ils très-lents.
Ils sont inoffensifs, se nourrissant de végétaux et de

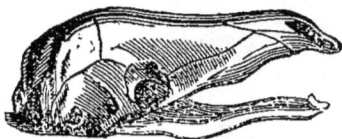

corps animaux ramollis par la putréfaction ; pourtant ils se défendent bien, à l'aide de leurs griffes. Ils se tiennent, pendant le jour, dans un terrier, dans une fente de rocher, ou dans le feuillage d'un arbre touffu.

Ces animaux appartiennent aux contrées méridionales des deux continents. On les divise en deux familles : les TARDIGRADES et les ÉDENTÉS PROPRES.

Les TARDIGRADES, qui tirent leur nom de l'excessive lenteur de leurs mouvements, ont la face courte et arrondie, des canines longues à chaque mâchoire ; ils ne comprennent qu'un seul genre, les *paresseux*, qui habitent les forêts de l'Amérique-Méridionale. Ces animaux ont dé la ressemblance avec les quadrumanes, dont ils diffèrent par leur conformation bizarre. Leurs

Fig. 55. Aï ou paresseux.

membres antérieurs sont très-longs ; leurs doigts, entièrement soudés ensemble, ne se reconnaissent qu'aux longues griffes qui les terminent ; leur poil est grossier et cassant ; leur canal digestif offre quatre compartiments comme celui des ruminants, ce qui correspond à leur régime végétal, et cependant leur intestin est court comme celui des carnassiers. Ils marchent en se traînant péniblement sur les coudes ; la jambe est articulée obliquement avec la cuisse, de sorte que le pied ne touche le sol que par son bord externe. Leur seul mouvement facile est de grimper ; aussi vivent-ils sur les arbres, qu'ils ne quittent qu'après les avoir entièrement dépouillés de leur verdure. Les espèces principales de paresseux sont l'*aï* (fig. 55) et l'*unau,* qui diffèrent entre eux en ce que le dernier n'a que deux doigts aux pieds de devant, tandis que l'aï en a trois.

Les ÉDENTÉS PROPRES ont les membres moins disproportionnés que ceux des tardigrades, mais cependant trop courts par rapport à leur taille. Leurs poils sont presque toujours réunis en grand nombre pour former des plaques. Leur museau, allongé, se termine par une bouche très-petite, impropre à saisir les aliments, mais dont la langue peut être lancée à distance, enduite d'une salive gluante, pour retenir les petits insectes dont ils se nourrissent. La plupart n'ont pas de dents ; ceux qui en ont ne possèdent que des molaires, et alors ils joignent à leur régime insectivore quelques fruits et racines tendres et même des cadavres un peu avancés. Ils forment trois genres principaux : les *tatous,* les *pangolins* et les *fourmiliers.*

Les *tatous* (fig. 56 et 57) portent, au lieu de poils, une sorte de croûte formée de plusieurs pièces : deux boucliers placés l'un sur les épaules l'autre sur la croupe, et entre eux une cuirasse de bandes réunies entre elles par une membrane qui leur permet un peu de mouvement ; sur la tête, une plaque de même nature, et sur les membres des écailles ou des tubercules durs et solides. Quelques poils peu apparents se montrent en différents endroits du corps, notamment sous le ventre, et à la partie interne des cuisses et des bras. Ils peuvent se rouler

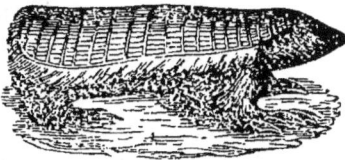

Fig. 56. Chlamyphore tronqué.

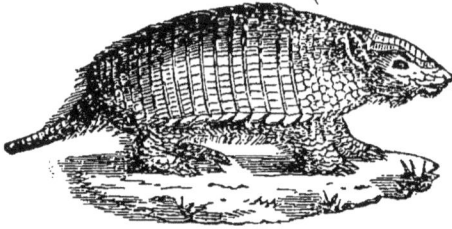

Fig. 57. Encoubert.

en boule comme le hérisson, mais ont une meilleure défense, qui est de creuser promptement la terre, comme la taupe, pour y chercher un refuge contre l'ennemi.

Les *pangolins* (fig. 54 et 58) se reconnaissent aisément aux écailles qui recouvrent leur tête, leur dos et leur queue, dont la longueur égale celle du corps ou du moins la dépasse de moitié. Ils diffèrent encore des tatous par le manque absolu de dents, l'étroitesse de la bouche, l'extensibilité de la langue, la petitesse des oreilles. Ils ont, comme eux, des membres courts, des ongles robustes, un museau long et effilé. On les appe-

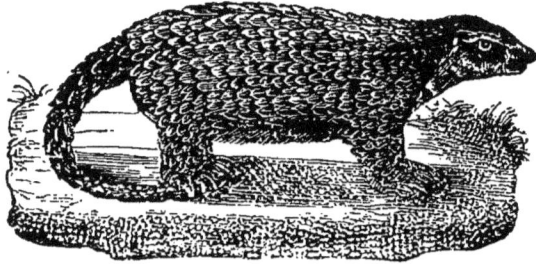

Fig. 58. Pangolin.

lait autrefois *lézards écailleux,* à cause de l'analogie de leur forme avec celle des lézards. Leurs plaques se distinguent des écailles de certains reptiles, en ce qu'elles n'adhèrent que par un seul côté, et se redressent en présentant un bord très-tranchant lorsque l'animal s'arrondit en boule. Nocturnes comme les tatous, ils se creusent comme eux des terriers, ou se réfugient dans les fentes des rochers. Ils envoient leur langue au dehors, et la retirent chargée d'insectes. On ne les trouve que dans les contrées les plus chaudes de l'ancien continent.

Les *fourmiliers* (fig. 59) ont de véritables poils, longs et grossiers dans certaines espèces, courts, fins et moelleux chez d'autres. Leurs pattes, très-courtes,

Fig. 59. Fourmilier.

défavorablement conformées pour la marche comme celles des paresseux, creusent bien la terre pour déchirer les nids de fourmis, et sont propres à grimper sur les arbres. Leur queue est prenante comme celle des sapajous. Leur museau est d'une longueur excessive, et leur bouche forme un canal d'où sort une langue vermiforme qui s'allonge au dehors pour se couvrir de particules nutritives et d'insectes, principalement de fourmis. Les fourmiliers sont très-communs dans les bois du Brésil, de la Guyane et du pays des Amazones.

Les MARSUPIAUX, sixième ordre des mammifères, semblent, par leur organisation singulière, tenir à la fois des divers ordres précédents. En outre, ils offrent ceci de particulier, que leurs petits naissent dans un état très-imparfait, et sont gardés dans une poche formée par un repli de l'abdomen de leur mère, jusqu'à ce qu'ils aient acquis le développement nécessaire pour être livrés à leurs propres forces ; c'est de là que vient leur nom (*marsupium, poche*). Les animaux de cet ordre, sauf le genre sarigue, appartiennent tous à la Nouvelle-Hollande et aux îles avoisinantes. On les divise en quatre familles principales : les *pédimanes*, les *phalangers*, les *macrotarses* et les *monotrèmes*.

Les PÉDIMANES, qui ne comprennent que le seul genre

Fig. 60. Sarigue.

sarigue (fig. 60), tirent leur nom de la conformation de leurs membres postérieurs, dont le pouce est opposable comme chez les quadrumanes, en même temps que les doigts des membres antérieurs sont assez mobiles pour saisir les branches. Leur queue est longue et prenante, et ils s'y suspendent pour surprendre les petits oiseaux ; mais ils se meuvent difficilement à terre. Ils ont dix incisives en haut et huit en bas ; quatorze molaires et deux canines à chaque mâchoire, en tout

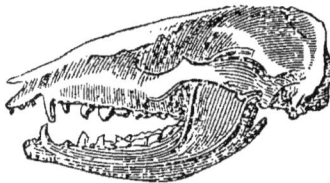

Fig. 61. Tête de sarigue.

cinquante dents, le plus grand nombre qu'on ait observé chez les quadrupèdes (fig. 61). Ils mangent de tout, mais préfèrent les matières animales et la chair fraîchement tuée. Très-prudents, ils se tiennent couchés tout le jour. Les sarigues sont tous originaires des contrées chaudes et tempérées de l'Amérique.

Les PHALANGERS, ainsi nommés à cause de la réunion de leurs doigts indicateur et médius jusqu'à la troisième phalange, appartiennent à la Nouvelle-Hollande, aux îles Moluques, etc. Un de leurs genres, les *pétauristes*, ont, comme les polatouches, une membrane étendue entre les quatre membres, et qui leur sert de parachute pour s'élancer de branche en branche quoique lourds et trapus ; d'où le nom de *phalangers volants*.

Les MACROTARSES se font remarquer par l'extrême

disproportion entre les membres antérieurs et les postérieurs, qui, aidés par une grosse queue s'appuyant à
terre à la manière d'un ressort, leur permettent de
faire des sauts de vingt à trente pieds. Les pattes de
devant servent à creuser la terre, et aussi à porter la
nourriture à la bouche. Le régime de ces animaux est
analogue à celui des rongeurs. Parmi eux on distingue
le *Kanguroo* (fig. 62), dont le train postérieur offre un
développement énorme. Cet animal, d'un caractère

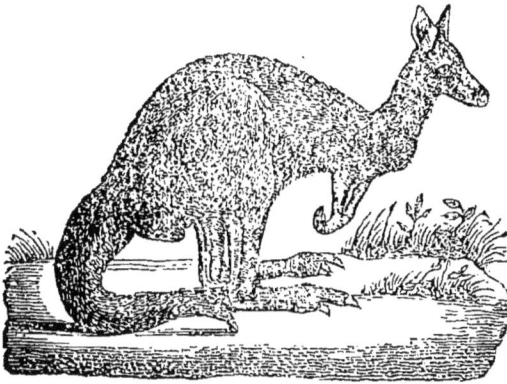

Fig. 62. Kanguroo.

timide, a une physionomie analogue à celle de la biche.
Il se tient par troupes de trente à quarante dans les
bois et les prairies, en posant des sentinelles pour assurer sa sécurité. Le *Kanguroo géant* atteint une taille de
cinq ou six pieds. A la Nouvelle-Hollande, on l'apprivoise, on se nourrit de sa chair, et sa peau sert à faire
des vêtements. Quoique doux, cet animal, quand il est
irrité, peut faire des blessures graves.

Les MONOTRÈMES se font remarquer par la singularité
et la bizarrerie de leur organisation, qui semble les
rattacher, sur certains points, aux oiseaux et aux reptiles. Leurs mâchoires ressemblent à un bec, et ils n'ont
pas de dents. Diverses autres particularités achèvent

de leur donner le cachet le plus étrange. Cette famille ne comprend que deux genres : les *échidnés* et les *ornithorhynques*.

Les *échidnés* ressemblent aux fourmiliers par leur museau long, leur langue extensible destinée à prendre les insectes, qu'ils retiennent par de petites épines dirigées en arrière. Ils ont quelque analogie avec les hérissons, étant, comme eux, hérissés de piquants, ayant le museau pointu, la queue et les pattes courtes.

Les *ornithorhynques*, dont le nom signifie *bec d'oiseau* (fig. 63), ont le museau terminé par un véritable bec corné, large comme celui du canard, et à l'aide duquel ils vont chercher les vers et les insec-

Fig. 63. Ornithorhynque.

tes dans la vase. Leur forme est allongée, leur queue aplatie, leurs pattes sont courtes et leurs doigts palmés. On ne les trouve que dans les rivières et les marais de la Nouvelle-Hollande.

Xᵉ LEÇON.

SEPTIÈME ET HUITIÈME ORDRES DES MAMMIFÈRES.
PACHYDERMES ET SOLIPÈDES.

Les trois ordres qui suivent, pachydermes, solipèdes et ruminants, se distinguent des précédents en ce que leurs doigts, au lieu d'avoir des griffes, sont embrassés

par un *sabot;* on leur donne, pour cette raison, le nom
d'*animaux ongulés,* tandis que ceux qui ont des griffes
sont appelés *onguiculés.* Ils se nourrissent de substances végétales, et ont, en général, le cou allongé pour
pouvoir saisir leur nourriture. Aucun n'a de clavicule.

Les PACHYDERMES sont ainsi nommés à cause de
l'épaisseur de leur peau, qui, chez certaines espèces
telles que l'éléphant, est en quelque sorte invulnérable.
Leurs sabots sont au nombre de trois au moins. Ils
sont remarquables par la masse de leur corps, la brièveté de leurs membres, leurs allures pesantes, et ont
souvent deux dents saillantes en forme de *défenses.* Ils
se nourrissent d'herbes, de feuilles, de racines, très-
rarement de chair.

L'ordre des pachydermes se divise en deux familles :
les pachydermes PROBOSCIDIENS, qui sont munis d'une
trompe, et les PACHYDERMES PROPRES, qui en sont dépourvus.

Les pachydermes PROBOSCIDIENS se font remarquer
par leurs formes épaisses, leurs membres courts et sans
souplesse, leur croupe énorme terminée par une queue
petite, leur tête grosse avec de petits yeux, et leur
museau terminé par une trompe très-longue. Leur
mâchoire supérieure est armée de deux dents incisives
saillantes de plusieurs pieds et formant ce que l'on
appelle leurs *défenses.* Ils se distinguent par leur intelligence, leur mémoire et leur adresse. Cette famille
ne comprend que deux genres : les *éléphants* et les
mastodontes. Ces derniers, dont le nom est tiré de
leurs dents garnies de tubercules en forme de mamelons, ne se trouvent plus qu'à l'état fossile[1]; leurs

(1) On désigne sous le nom de *fossiles,* des corps que l'on trouve
à l'état de pétrification dans les couches inférieures de la terre.

formes sont plus lourdes encore que celles des éléphants.

Les *éléphants* (fig. 64 et 65) vivent par troupes de trois ou quatre cents. Ils sont faciles à apprivoiser, et

Fig. 64. Éléphant.

dans l'Inde on les emploie comme bêtes de somme ; les anciens s'en servaient dans les combats. Leur trompe, assez forte pour arracher un arbre, est en même temps

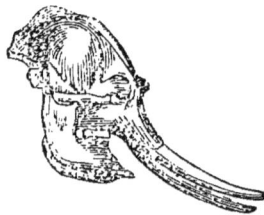

douée d'une exquise délicatesse ; elle est terminée par une espèce de doigt qui peut saisir les plus petits objets. Leurs défenses, constituant ce que l'on appelle l'*ivoire*,

Fig. 65. Tête d'éléphant.   remplacent les dents incisives,

qui manquent ainsi que les canines. Les molaires, formées de lames verticales réunies par une substance intermédiaire appelée *cément,* se renouvellent jusqu'à sept ou huit fois ; les défenses, une seule fois. L'éléphant ne fait qu'un seul petit tous les deux ans, mais il vit, dit-on, plusieurs siècles. Sa chair est bonne à manger, quand il n'est pas trop vieux. On distingue deux espèces : l'*éléphant des Indes,* qui a le front concave, les oreilles petites et les défenses courtes ; l'*élé-*

phant d'Afrique, qui a le front convexe, et dont les oreilles sont plus grandes, les défenses plus longues.

On trouve aussi des éléphants fossiles de diverses espèces, notamment le *mammouth,* plus grand que les plus grands éléphants vivants.

Les PACHYDERMES PROPRES ont les doigts plus distincts et moins nombreux que les proboscidiens. Leur caractère est moins sociable et plus farouche ; ils vivent en petites troupes, et assez souvent solitaires. Le cochon est la seule espèce qu'on ait pu réduire à l'état domestique. Les pachydermes propres comprennent cinq principaux genres encore existants, et sept genres fossiles. On les divise en deux tribus, les *imparongulés* et les *parongulés,* suivant qu'ils ont les doigts et sabots en nombre impair ou pair.

Les pachydermes *imparongulés* s'éloignent un peu plus des ruminants que ceux qui ont les sabots en nombre pair. On remarque parmi eux le *rhinocéros* (fig. 66), dont le nom vient de l'éminence en forme de

Fig. 66. Rhinocéros.

corne qu'il porte sur le nez, et qui lui constitue une arme redoutable. Cette corne n'adhère pas aux os, mais seulement à la peau, et est formée par l'agglutination d'un grand nombre de poils. Le rhinocéros est, après l'éléphant, le plus grand quadrupède connu ; il a souvent dix ou douze pieds de long et sept ou huit de haut. Sa peau, sèche et rugueuse, forme ordinairement de grands replis. Sa lèvre supérieure porte un petit appendice qui sert à la préhension des aliments ; sa mâchoire est dépourvue de canines. Il a trois doigts courts et gros à chaque pied. On trouve surtout le rhinocéros dans les vastes déserts de l'Afrique méridionale et des Indes-Orientales. Sa chair est agréable au goût. On compte quatre espèces vivantes et autant de fossiles.

On trouve encore, dans les pachydermes imparongulés, les *damans*, autrefois placés parmi les rongeurs ; les *paléothères*, pachydermes fossiles analogues aux tapirs, et enfin les *tapirs* (fig. 67), qui tiennent des cochons domestiques sous plusieurs rapports, mais s'en distinguent par leurs doigts en nombre impair, par leur peau presque nue, et par l'allongement de leur mâchoire supérieure que termine une espèce de trompe ; ils sont farouches et sauvages comme les sangliers.

Fig. 67. Tapir.

Les pachydermes *parongulés* se rapprochent davantage des ruminants par la disposition de leurs doigts, et aussi par celle de leur estomac, divisé en plusieurs poches distinctes. Nous trouvons parmi eux les *hippopotames* et les *cochons,* ainsi que les *anoplothères,* genre fossile qui se rapproche de l'hippopotame et du sanglier.

L'*hippopotame* (fig. 68), dont la grosseur égale presque celle de l'éléphant, et dont la longueur va jusqu'à douze et quinze pieds, n'atteint pas plus de cinq à

six pieds de hauteur, ses pattes courtes et massives
n'ayant quelquefois qu'un pied de haut sur quatre de
circonférence. Ses quatre doigts, presque égaux, sont
garnis de petits sabots. Sa tête, très-grosse, présente

Fig. 68. Hippopotame.

un mufle analogue à celui du taureau, et une gueule
largement fendue, laissant sortir quatre canines longues. La dureté de ses dents est telle, qu'elles font feu
au briquet. L'hippopotame vit par troupes, habitant
les grands fleuves de l'Afrique centrale. Ses habitudes
aquatiques lui ont valu son nom (*hippos, cheval,* et
potamos, fleuve).

Le *cochon* a quatre doigts comme l'hippopotame;
mais ceux des côtés sont retirés en arrière et trop haut
pour atteindre le sol, de sorte que ceux du milieu,
appliqués exactement l'un contre l'autre, ressemblent
au sabot des ruminants. Il se distingue de ces derniers
par ses formes trapues, sa peau couverte de soies, et
son museau terminé par un groin ou boutoir, propre à
creuser la terre. Ce museau, qui ressemble à celui de
la taupe, est soutenu par un os particulier. La plupart
des animaux appartenant à ce genre, ont de fortes
canines saillantes en *défenses*. Les cochons vivent ordinairement en petites troupes; on en trouve dans toutes

les régions du globe, sauf dans les plus septentrionales. Ils donnent, par an, cinq ou six petits, quelquefois jusqu'à douze ou quinze. Leur chair est excellente à manger. On compte sept à huit espèces de cochons, formant trois petits sous-genres : les *sangliers,* les *babiroussas* et les *pécaris.*

Les *sangliers* (fig. 69 et 70) ont les formes épaisses, la tête longue, les soies raides, la queue médiocre, les canines saillantes. Leurs habitudes sont ordinairement paisibles: couchés pendant le jour, ils se promènent lentement le soir en cher-

Fig. 69. Sanglier.

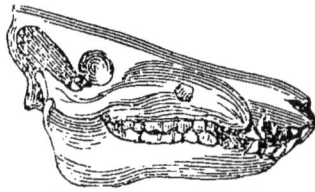

chant leur nourriture dans les bois et dans les champs, où ils font de grands dégâts. Si on les irrite, ils deviennent terribles. Assez communs dans tous les pays chauds et tempérés de l'ancien continent, sauf en Angleterre, les sangliers vivent par petites troupes, composées

Fig. 70. Tête de sanglier.

d'un mâle, d'une femelle ou *laie,* et de quatre à dix petits qu'on appelle *marcassins.* Le sanglier d'Europe est la souche du cochon domestique.

Le *babiroussa* a les formes plus légères, les jambes plus hautes, le museau moins long, le poil presque aussi doux que de la laine; ses défenses supérieures, perçant la lèvre, se recourbent jusqu'au-dessus des yeux et ressemblent à des cornes. On le trouve dans quelques îles de l'Archipel Indien.

Le *pécari,* exclusivement propre à l'Amérique-Méridionale, ressemble beaucoup au cochon domestique, mais est moins corpulent, a les jambes plus courtes, manque de queue, et ses canines sont à peine saillantes.

Les SOLIPÈDES, qui forment le huitième ordre des mammifères, tirent leur nom de la forme de leurs pieds, ter-
minés par un seul doigt ren-
fermé dans un sabot unique. Ils ont la taille élevée, le corps bien proportionné, les formes déga-

Fig. 71. Cheval.

gées, les jambes fines et nerveuses, les mouvements agiles. Leurs oreilles sont mobiles et leur ouïe fine. Leur physionomie expressive annonce la douceur et la vivacité. Cet ordre ne comprend que le seul genre *cheval,* qui peut être partagé en deux sous-genres : l'un, originaire du centre de l'Asie, comprenant le *cheval* proprement dit (fig. 71) et l'âne; l'autre, originaire de l'Afrique, comprenant le *zèbre* (fig. 72).

Fig. 72. Zèbre.

Le *cheval,* tel qu'on le trouve à l'état sauvage, est moins élégant que notre cheval domestique ; mais ses membres sont plus souples et plus robustes, son regard est plus vif, ses oreilles sont plus fines, plus

droites et toujours dirigées en avant. Les chevaux
sauvages sont très-faciles à dompter lorsqu'ils sont
pris. Au reste, le cheval sauvage proprement dit est
devenu très-rare, même en Asie. Ceux que l'on rencontre par milliers dans les vastes plaines de l'Amérique-Méridionale, proviennent de chevaux domestiques
revenus à l'état sauvage.

La mâchoire du cheval présente, entre les canines,
qui sont petites, et les molaires, qui sont carrées et
au nombre de six de chaque côté (fig. 73), un espace
vide appelé *barres*, correspondant à
l'angle de la bouche et dans lequel on
place le mors. Les incisives, au nombre de six à chaque mâchoire, sont
rangées avec régularité et creusées
d'une fossette dans la jeunesse de l'a-
nimal. Cette fossette étant apparente

Fig. 73. Tête de cheval. jusqu'à l'âge de sept ans, on juge de
l'âge par ce signe tant que cette limite n'est pas
atteinte. Plus tard, on dit que l'animal est *hors d'âge*.
Le cheval vit jusqu'à trente ans.

Le canal intestinal du cheval, très-long et très-gros,
est en rapport avec sa nourriture, purement végétale,
et avec la longue élaboration qu'elle exige.

Les chevaux arabes, andalous et anglais, sont les
plus élégants; les chevaux hollandais, belges, alle-
mands, bretons, normands, etc., sont réputés à divers
titres.

L'*âne*, moins élégant que le cheval, et moins facile à
conduire à cause de ses caprices, est sobre et patient
et se contente d'une chétive nourriture. L'*onagre* ou
âne sauvage, a des formes sveltes qui le rapprochent
du cheval; sa chair, aussi bonne que celle du sanglier,

est très-recherchée des Persans, qui lui font une chasse très-active.

Les *mulets*, provenant de l'âne et du cheval, sont très-vigoureux, mais très-opiniâtres.

Le *zèbre* (fig. 72) se fait remarquer par les raies transversales qui occupent le corps et les membres. Il est à peu près de la taille d'un fort âne.

XIᵉ LEÇON.

NEUVIÈME ORDRE DES MAMMIFÈRES. RUMINANTS.

Les RUMINANTS sont ainsi nommés parce qu'ils *ruminent* leurs aliments, c'est-à-dire les mâchent une seconde fois après qu'ils ont subi un commencement d'élaboration. Pour cela, leur estomac est divisé en quatre compartiments, dont le premier, appelé *panse* ou *herbier*, reçoit les herbes grossièrement mâchées une première fois ; celles-ci passent dans le second compartiment appelé *bonnet*, s'y pénètrent d'un liquide particulier et se forment en boulettes qui remontent dans la bouche, où elles sont mâchées de nouveau. Les aliments, ainsi remâchés, descendent de la bouche dans le troisième compartiment de l'estomac, appelé *feuillet*, à cause de ses replis comparés aux feuillets d'un livre, et ils passent de là dans le quatrième appelé *caillette,* qui est l'estomac proprement dit. La *caillette* tire son nom de ce qu'elle caille, par les sucs acides qu'elle produit, le lait dont les jeunes ruminants se nourrissent ; la membrane intérieure de la caillette du jeune veau forme ce que l'on appelle la *présure*, employée à cailler le lait dans la fabrication du fromage.

Les ruminants ont la mâchoire supérieure dépourvue d'incisives (fig. 74), qui sont remplacées par un bourrelet dur et calleux. Leurs incisives inférieures sont au nombre de huit, rarement de six ; ils ont six molaires de chaque côté, remarquables par leur couronne large et les croissants dont elle est marquée ; les canines manquent, sauf chez quelques espèces sans cornes, et il y a un espace vide entre les incisives et les molaires.

Fig. 74.

Tête de bœuf.

Les doigts de leurs pieds sont réunis en deux sabots, qui semblent former un sabot unique partagé en deux. Les os du métacarpe, ainsi que ceux du métatarse, sont réunis, comme chez le cheval, en un os unique appelé *canon*. Ce n'est que parmi les ruminants que l'on trouve des bêtes à cornes ; mais tous n'en ont pas, et c'est là une base de leur division. Les animaux de cet ordre ont le caractère timide et défiant ; ils se tiennent dans des forêts épaisses ou dans de vastes déserts, et vont ordinairement par troupes nombreuses. On les divise en deux familles : les RUMINANTS SANS CORNES et les RUMINANTS A CORNES.

Les RUMINANTS SANS CORNES forment une famille peu nombreuse, qui se distingue par la présence de dents canines, et dans laquelle le nombre des incisives est ordinairement de six, celui des molaires de cinq à chaque mâchoire. Cette famille ne comprend que trois genres : les *chameaux*, les *lamas* et les *chevrotains*.

Le *chameau* est un des animaux les plus précieux pour l'homme, par les services qu'il lui rend dans les voyages à travers les déserts, et qui l'ont fait nommer le *vaisseau des sables*. Ses jambes hautes, ses pieds larges et aplatis, que terminent deux petits sabots réunis par une peau dure et calleuse ressemblant à une semelle, sont éminemment favorables à la marche sur un sol sablonneux. Son cou allongé lui permet d'atteindre les feuilles des acacias, qu'il saisit au milieu de leurs épines à l'aide de ses lèvres mobiles, dont la supérieure est fendue comme celle du lièvre. Sa panse offre des cellules dans lesquelles il conserve pendant plusieurs jours l'eau fraîche dont il a fait provision pour se désaltérer. Son dos présente des bosses, qui sont des amas de graisse dont son corps se nourrit pendant les longs jeûnes qu'il éprouve. Son poil, long et comme feutré, garantit sa peau contre le sable et contre la piqûre des insectes ; il est moelleux et sert à faire de belles étoffes. Son lait est excellent, et sa chair est agréable à manger quand il est jeune. Son habitude de s'accroupir, d'où résultent des callosités aux membres et au poitrail, permet de le charger aisément, et sa docilité le rend facile à conduire.

On distingue deux espèces de chameaux : le *chameau ordinaire*, plus grand et plus fort, qui a deux bosses et habite le centre de l'Asie ; le *dromadaire* (fig. 75), qui habite

Fig. 75. Dromadaire.

plus au midi, dans la Perse, la Syrie et presque toute l'Afrique, et qui n'a qu'une seule bosse.

Les *lamas* (fig. 76) sont des chameaux de l'Amérique-Méridionale, qui vivent par troupes dans les montagnes. Ils diffèrent des précédents en ce qu'ils n'ont ni bosses sur le dos, ni callosités aux membres ni au poitrail, et en ce que leurs sabots ne couvrent qu'une très-petite partie des doigts. Leurs formes sont

Fig. 76. Lama.

plus élégantes et leur taille plus petite. On en distingue deux espèces : le *guanaco*, qui a la taille et l'agilité du cerf, et la *vigogne*, qui n'est pas plus grande qu'un mouton. Le *guanaco* offre deux variétés : le *lama*, qui sert comme bête de somme, et l'*alpaca*, remarquable, de même que la vigogne, par sa précieuse toison.

Les *chevrotains* ont des formes élégantes, analogues à celles de la biche. Leur taille varie depuis celle du chevreuil jusqu'à celle du lièvre. Leurs dents canines font quelquefois saillie hors de la bouche (fig. 77); ils ont six molaires de chaque côté, douze à chaque mâchoire. Leur agilité est extrême, comme leur timidité; ils font des bonds de vingt à trente pieds, et peuvent s'arrêter sur un rocher étroit. La principale espèce est le *musc*, qui produit le parfum

Fig. 77.

Chevrotain porte-musc.

de ce nom, substance grasse sécrétée par une poche
cachée sous le ventre.

Les RUMINANTS A CORNES forment une famille nombreuse, dans laquelle on distingue ceux dont les cornes
sont *caduques,* c'est-à-dire tombent et se renouvellent,
et ceux dont les cornes sont *persistantes.*

Les cornes sont des protubérances osseuses qui, chez
certaines espèces, restent recouvertes par la peau ou
par une enveloppe dite *cornée* dont la substance est
analogue à celle des ongles, et chez certaines autres se
font jour à travers la peau et sont directement exposées
au contact de l'air; ce sont ces dernières qui, frap-
pées de mort au bout d'un certain temps, tombent et
doivent se renouveler.

Fig. 78. Élan.

Les *ruminants à cornes caduques* forment une tribu
qui ne comprend que le genre *cerf,* reconnaissable à
ses formes élégantes, à ses cornes ordinairement bran-
chues, appelées *bois,* à l'expression fine de la physionomie, et à la présence, chez la plupart des espèces, de
fossettes appelées *larmiers,* au-dessus des yeux. Le genre

cerf se divise en trois sections : les *daims*, les *cerfs* et les *chevreuils*.

Les *daims*, ou *cerfs à bois plat*, comprennent trois espèces : l'*élan*, le *renne* et le *daim*. L'élan (fig. 78), aussi grand que le cheval, vit dans les forêts maréca- geuses du nord des deux continents ; le *renne*, qui a le pelage brun l'été et blanc l'hiver, est précieux pour les peuples septentrionaux, auxquels il sert de bête de somme et de trait, outre l'utilité qu'ils retirent de sa toison, de sa peau, de son lait et de sa chair ; le *daim*, plus petit que le cerf, porte un bois arrondi à sa base, et son pelage fauve est tacheté de blanc.

Fig. 79. Cerf.   Fig. 80. Chevreuil.

Les *cerfs* ordinaires (fig. 79) ont leur bois toujours arrondi, de même que les *chevreuils* (fig. 80) ; mais ces derniers n'ont pas, comme le cerf, une branche ou andouiller à la base de leur bois. On compte une quin- zaine d'espèces de cerfs, et sept ou huit de chevreuils. La femelle du cerf s'appelle *biche*, celle du chevreuil s'appelle *chevrette*. Le jeune cerf s'appelle *faon*.

Les cornes de ces animaux apparaissent vers l'âge de six mois, tombent après avoir atteint d'abord une longueur bornée, puis se reproduisent et poussent à chaque renouvellement une branche nommée *andouiller*, jusqu'à ce que le nombre propre à chaque espèce soit atteint. C'est pendant la belle saison que se passe cette mue. La femelle est toujours privée de bois, sauf chez le renne.

Les *ruminants à cornes persistantes* forment deux tribus. Dans la première, qui ne comprend que le seul genre *girafe,* formé lui-même d'une seule espèce, les cornes sont recouvertes par la peau. Dans la seconde, où l'on trouve les antilopes et nos diverses espèces de bêtes à cornes, la protubérance osseuse est recouverte d'un étui de substance cornée dont la composition est différente de celle des os, et qui croît d'une couche par année ; entre cet étui et l'os, se trouve un vide qui rend la corne creuse.

La *girafe* (fig. 81) se reconnaît au premier abord par l'excessive longueur de son cou et la hauteur démesurée de ses membres de devant, comparés à ceux de derrière. Comme le chameau, elle a des lèvres extensibles qui lui permettent de saisir les feuilles des arbres épineux. Elle est remarquable par la

Fig. 81. Girafe.

beauté de son pelage gris, parsemé de taches anguleuses d'un beau fauve. On trouve les girafes par troupes de cinq ou six, dans le midi de l'Afrique. Très-agiles, elles échappent par la fuite aux panthères et aux lions, contre lesquels elles se défendent aussi par de vigoureux coups de pied.

La tribu des ruminants à cornes creuses comprend quatre genres : les *antilopes*, les *chèvres*, les *brebis* et les *bœufs*.

Les *antilopes* ressemblent beaucoup aux cerfs par l'élégance de leurs formes et par leur physionomie expressive ; la plupart ont aussi des larmiers et la tête terminée par un mufle : mais la nature des cornes les en distingue. De plus, tandis que la queue des cerfs est très-courte, celle des antilopes est souvent allongée et terminée par un bouquet de poils ; souvent aussi l'on remarque des touffes de poils à la jointure de la jambe. Les unes se tiennent sur les montagnes, et ont une agilité prodigieuse ; les autres, mieux armées, parcourent les plaines. Il en est dont les cornes sont droites ; d'autres, qui les ont annelées et plus ou moins recourbées. Deux espèces seulement se rencontrent dans les contrées tempérées de l'Europe ; la plupart habitent les climats chauds de l'Asie et de l'Amérique-Méridionale. Elles vivent en troupes nombreuses ; on leur donne la chasse pour l'utilité de leur peau et de leur chair.

La *gazelle* (fig. 82) est une espèce d'antilope qui se distingue par la beauté de ses formes, la douceur de son regard et ses cornes recourbées en lyre. Le *chamois* (fig. 83) est une autre espèce, dont les cornes sont terminées brusquement en crochet comme un hameçon, et dont la peau est très-estimée. Sa chasse est très-dangereuse, cet animal se réfugiant dans les lieux les plus escarpés des montagnes.

Fig. 82. Gazelle.　　　　Fig. 83. Chamois.

Les *chèvres* et les *brebis* sont deux genres qui ont beaucoup de rapports entre eux. Ils se distinguent en ce que les chèvres ont les cornes courbées en arrière, tandis que, chez les brebis, la corne est en spirale et son extrémité tournée en avant. Le chanfrein ou devant de la tête, plat ou concave chez les chèvres, est convexe chez les brebis, qui se distinguent encore au défaut de barbe. Ces animaux n'ont pas de mufle, comme les bœufs et certains autres ruminants. Ils sont d'une grande agilité, habitent les plus hautes montagnes, où on les voit sauter de rocher en rocher, se précipitant quelquefois dans les abîmes sans y perdre la vie, pour échapper au chasseur. Cependant ils sont faciles à réduire en domesticité.

Fig. 84. Bouquetin.

Parmi les chèvres, nous citerons l'*ægagre* ou *chèvre*

sauvage, dont proviennent notre chèvre domestique, la chèvre d'Angora et celle de Cachemire, si renommées par la finesse de leur poil; le *bouquetin* (fig. 84), remarquable par la longueur de ses cornes. Parmi les brebis, on distingue la *brebis commune,* qui nous est si utile, et le *mérinos,* renommé par sa fine toison.

Les *bœufs* se font remarquer par leurs cornes toujours lisses, dirigées sur le côté et s'éloignant l'une de l'autre (fig. 83), par leur taille grande, leurs formes massives, leur large mufle, leurs jambes courtes et fortes, le repli de peau appelé *fanon,* qui pend au-dessous de leur cou, et par leur physionomie farouche. Timides, mais terribles quand on les met en fureur, ils vivent en troupes nombreuses, dans les plaines désertes ou dans les montagnes.

Chacun connaît le *bœuf domestique,* qui paraît descendre d'une espèce éteinte depuis peu et nommée par les anciens *urus.* L'aurochs, plus grand que le bœuf ordinaire, a le front bombé et plus large : on le trouvait autrefois dans les forêts de la Gaule et de la Germanie; maintenant, on ne le rencontre plus que dans les monts Crapacks et le Caucase. Le *bison,* autre espèce de bœuf, habitant, par troupes nombreuses, l'Amérique-Septentrionale, se distingue par ses formes trapues, et par la laine qui recouvre sa tête et ses épaules. Le *buffle* a le front bombé et haut, et ses cornes sont dirigées sur le côté; il se tient dans les lieux marécageux.

XIIe LEÇON.

ORDRE DES CÉTACÉS.

Les CÉTACÉS seraient aisément pris pour de grands poissons, si l'on ne considérait que leurs formes extérieures ; mais leur conformation intérieure les distingue nettement de cette classe de vertébrés. Ils respirent par des poumons, leur cœur est double et leur sang chaud ; ils portent des mamelles, et leurs petits naissent vivants ; leur squelette est osseux, et enfin leur queue est aplatie transversalement, tandis que celle des poissons est aplatie d'un côté à l'autre.

Ces animaux, par la nature de leur respiration, sont obligés de venir souvent à la surface de l'eau, mais sans avoir besoin de se montrer, leurs narines s'ouvrant à l'extrémité du museau ou sur le sommet de la tête ; mais ils sont forcés de se laisser flotter à la surface pour dormir, parce que là seulement leurs narines, qu'ils ferment à volonté, peuvent rester constamment ouvertes.

Les cétacés sont presque tous de très-grande taille, et vivent très-longtemps. Ils ne mettent au monde qu'un petit, et sont très-attachés à leur progéniture. Ils voyagent en troupes nombreuses, se secourant mutuellement. On les divise en deux familles : les CÉTACÉS HERBIVORES et les SOUFFLEURS.

Les CÉTACÉS HERBIVORES ressemblent aux morses, qui, avec les phoques, appartiennent, comme nous l'avons vu, aux carnassiers amphibies. Ils ont des membres peu aplatis, armés d'ongles ou de sabots, quelques poils sur le corps, des narines situées à l'extrémité du museau et des moustaches raides. Ils allaitent en nageant leur petit, qu'ils tiennent sous leur poitrine. Leur intestin est très-ample, ce qui, avec leurs habitudes herbivores, les rapproche des ruminants. Ils habitent, en général, les rivages des mers méridionales et les grands fleuves qui s'y jettent. Le principal des cétacés herbivores est le *lamantin*, dont la taille est d'environ quinze pieds de long.

Les SOUFFLEURS ressemblent entièrement à des poissons. Ils n'ont pas de cou, pas d'ongles aux doigts, et ils se nourrissent de poissons, de mollusques, de zoophytes. Leurs dents sont toutes coniques, sans intervalles ni vides. Leur nom de *souffleurs* vient de ce qu'ils se débarrassent, par des ouvertures nommées *évents*, de l'eau dont se remplit continuellement leur énorme bouche. Ces animaux se font remarquer par l'épaisse couche de graisse qu'ils ont sous la peau, et qui rend leur pêche fort lucrative. Ils se distinguent en deux tribus : les *delphinoïdes* et les *macrocéphales*.

Les *delphinoïdes* sont ceux d'entre les cétacés qui ressemblent le plus aux poissons. Ils comprennent les *dauphins* (*delphinus*), les *mar-*

Fig. 85. Dauphin.

souins et les *narvals*. Les *dauphins* (fig. 85) se distinguent par leur bec allongé, leur agilité qui leur permet de nager rapidement et de faire des bonds énormes hors de l'eau, et enfin par leur voracité ; les *marsouins*, par l'épaisseur de leur couche de graisse, qui les fait

appeler *cochons de mer ;* les *narvals,* par leur taille, qui
va jusqu'à vingt et vingt-cinq pieds, ainsi que par la
redoutable défense, longue de sept à dix pieds, qui
sort de la bouche et dont la substance est un ivoire
supérieur à celui de l'éléphant. Ces animaux, tous
très-agiles, ne craignent pas d'attaquer les plus grands
cétacés.

Les souffleurs *macrocéphales* tirent leur nom de la
grosseur de leur tête, et sont les plus grands animaux
que l'on connaisse. La force des muscles qui meuvent
ces masses colossales, leur permet de nager avec facilité et de donner des chocs terribles aux navires. Cette
tribu ne se compose que de deux genres, le *cachalot* et
la *baleine.*

Le *cachalot* (fig. 86), dont la longueur va quelquefois
jusqu'à soixante-dix pieds, se fait remarquer par son

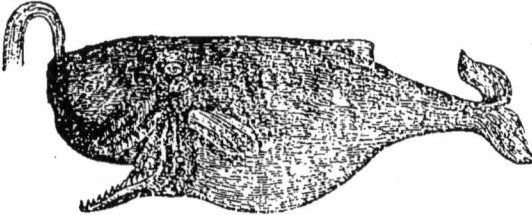

Fig. 86. Cachalot.

museau tronqué carrément, et à l'extrémité duquel
s'ouvre un auvent unique. Sa tête, formant plus du
quart de la masse du corps, est presque entièrement
formée par la mâchoire supérieure, et occupée par de
vastes cavités contenant la matière recherchée dans le
commerce sous le nom de *blanc de baleine* (les anciens
confondaient la baleine avec le cachalot). Sa mâchoire
inférieure seule est garnie de dents coniques, recourbées vers l'intérieur. Il porte sur le dos une bosse
graisseuse. Ce cétacé se rencontre dans la plupart des
mers ; il vit en troupes nombreuses, est très-carnassier

et s'attaque à tous les habitants de l'océan. L'homme le poursuit pour la graisse et le blanc de baleine qu'il fournit en abondance. On trouve aussi dans son intestin l'*ambre gris*, qui paraît dû à un état maladif de l'animal; ce produit se rencontre aussi à la surface des mers qu'il fréquente. Le cachalot habite toutes les régions, mais principalement celles du midi.

La *baleine* (fig. 87) peut atteindre jusqu'à cent pieds et plus de longueur. Sa tête, énorme comme celle du cachalot, présente à son sommet une bosse au milieu de laquelle s'ouvrent les deux auvents. Les mâchoires qui forment sa vaste gueule ont quelquefois plus de

Fig. 87. Baleine.

vingt pieds de long. Elle n'a pas de dents; la mâchoire supérieure, en forme de voûte, présente de chaque côté une série de lames cornées que l'on nomme *fanons*, et que l'on désigne dans le commerce sous le nom de *baleines;* c'est ce qui l'oblige à ne se nourrir que de petits poissons, mollusques et zoophytes, qu'elle avale par milliers.

La pêche du cachalot et de la baleine se fait à l'aide de *harpons*, sorte de lourds javelots qu'on lance dans le corps de l'animal après s'en être approché avec précaution sur une chaloupe, et qui tient à une corde qu'on lui lâche avec rapidité lorsqu'il est blessé, pour le retrouver ensuite. On conçoit les difficultés et les périls d'une pareille pêche, mais elle est d'un grand rapport.

XIIIᵉ LEÇON.

OISEAUX. NOTIONS GÉNÉRALES. ORDRE DES RAPACES.

Les *OISEAUX* se distinguent des trois autres classes de vertébrés en ce qu'ils ont le corps couvert de plumes, et les membres antérieurs transformés en ailes pour le vol.

La *plume* se compose de trois parties : le *tuyau,* la *tige* et les *barbes.* Le tuyau, implanté dans la peau, est percé, à sa base, d'un trou par lequel arrivent les vaisseaux et nerfs qui nourrissent la plume.

Les grandes plumes qui servent au vol, et qui garnissent les ailes et la queue, s'appellent *pennes.* Celles de la queue, très-mobiles, ne servent qu'à diriger et sont appelées *rectrices ;* celles des ailes, faisant l'office de rames qui frappent l'air, se nomment *rémiges.* Des deux côtés de la queue se voit une glande sécrétant une humeur grasse, dont l'oiseau enduit ses plumes pour les rendre imperméables à l'air. Sous les plumes se trouve un *duvet* fin et moelleux, qui contribue avec elles à garantir le corps de l'oiseau contre le froid. Les plumes, par l'air qu'elles contiennent, contribuent à augmenter la légèreté de l'oiseau ; leurs os eux-mêmes sont creusés de cavités remplies d'air et communiquant avec les poumons.

Les ailes ayant besoin de muscles pectoraux très-forts pour les mouvoir, l'os sternum, qui occupe le devant de la poitrine, présente chez les oiseaux, comme aussi chez les chauves-souris, une crête facilitant l'insertion de ces muscles. Plus le vol doit être puissant, plus le sternum est large, ainsi qu'on peut le remarquer en comparant le sternum du canard à celui du poulet. Les deux clavicules, unies en un seul os, forment une *fourchette,* qui donne un très-solide appui à l'articulation de l'épaule.

Le cou des oiseaux, très-flexible et composé d'un grand nombre de vertèbres, leur donne une grande facilité pour la préhension des objets. Leurs pattes offrent quatre doigts, dont trois en avant et un en arrière, sauf quelques espèces où il y en a deux en arrière et deux en avant, et d'autres qui n'ont que trois doigts. La disposition des tendons des doigts est telle, qu'ils se fléchissent par le seul poids du corps, ce qui permet à l'oiseau de s'endormir perché.

Les mâchoires des oiseaux sont garnies, au lieu de dents, d'un bec corné qui forme un important caractère distinctif de cette classe.

Leur digestion s'opère comme celle des quadrupèdes; mais ils ne mâchent pas leurs aliments, qui descendent dans l'estomac, appelé *gésier,* après avoir passé par deux cavités particulières, le *jabot* et le *ventricule,* où ils s'imbibent de divers sucs. Chez les oiseaux qui se nourrissent de graines, le gésier est très-musculeux et son intérieur cartilagineux, afin de pouvoir broyer ces corps durs à l'aide de petits cailloux que l'oiseau a soin d'avaler ; au contraire, chez les oiseaux qui vivent de chair et de poisson, les muscles du gésier sont faibles. Le foie des oiseaux est très-développé. Leurs poumons, très-vastes, s'étendent dans la cavité de l'abdomen, qui n'est pas séparée de la poitrine par un diaphragme ; aussi leur respiration est-elle très-active, et la chaleur de leur sang très-élevée.

Les oiseaux ont le sens de la vue très-développé. On remarque chez eux une troisième paupière, qui s'étend sur l'œil en partant de son côté interne, et, le voilant à leur gré, leur permet de soutenir l'éclat des rayons du soleil.

Certains oiseaux exécutent périodiquement des voyages, soit en troupes, soit isolément. Les oies et les hirondelles nous en offrent un exemple très-remarquable.

Le plumage des oiseaux, très-varié, est sujet à une chute périodique qui prend le nom de *mue,* et qui, ordinairement, a lieu une fois tous les ans pendant la belle saison. L'oiseau est alors triste et silencieux. Leur voix, toujours forte eu égard à la taille de l'animal, est très-mélodieuse chez certaines espèces.

Les oiseaux sont *ovipares,* c'est-à-dire que leurs petits naissent d'un œuf, qui est ordinairement *couvé* pendant un temps qui varie de dix jours à deux mois, période qu'on appelle l'*incubation.* Les petits, au sortir de la coquille, c'est-à-dire lors de l'*éclosion,* ne sont couverts que d'un simple duvet. Ils se développent promptement, et sont bientôt en état de se passer du secours de leur mère. Les œufs pondus sont en général d'autant plus nombreux que l'oiseau est plus petit. Le nid dans lequel ils sont déposés est ordinairement construit avec un soin remarquable, et placé tantôt sur les arbres, sur les vieux bâtiments, dans le creux des murailles, dans les rochers, tantôt dans les buissons, dans l'herbe ou simplement à terre.

On a partagé les oiseaux en six ordres, d'après des considérations tirées principalement de la forme et de la structure de leur bec, de leurs doigts et de leurs ailes : 1° les RAPACES ou *oiseaux de proie,* remar-

quables par la vigueur de leur bec et de leurs pattes ;
2° les PASSEREAUX ou *oiseaux chanteurs,* comprenant
une multitude de variétés ; 3° les GRIMPEURS, qui,
grimpant le long des arbres, diffèrent de tous les autres
par la disposition de leurs doigts, dont deux sont dirigés en avant et deux en arrière, ainsi qu'on le voit
chez le perroquet ; 4° les GALLINACÉS ou *oiseaux de
basse-cour,* dont le coq (*gallus*) nous offre un type ; 5°
les ÉCHASSIERS ou *oiseaux de rivage,* remarquables
par leurs longues pattes semblables à des échasses, et
enfin 6° les PALMIPÈDES ou *oiseaux aquatiques,* qui
ont les doigts *palmés,* c'est-à-dire réunis en nageoire
par une membrane, comme on le voit chez le canard.

Les RAPACES ou *oiseaux de proie* sont ainsi appelés
à cause de leurs habitudes carnassières. Ils se font
remarquer par la force de leur bec recourbé, que sup-
porte un cou musculeux, et par des ongles tranchants
appelés *serres.* Leurs pattes sont courtes et vigoureuses ; leurs ailes très-développées. Ils ne pondent que peu
d'œufs, et ont beaucoup de soin de leurs petits, qu'ils
chassent toutefois loin d'eux aussitôt qu'ils sont élevés,
ne voulant souffrir aucun partage du domaine où ils
poursuivent leur proie.

L'ordre des rapaces se divise en deux familles : les
DIURNES et les NOCTURNES.

La famille des rapaces DIURNES comprend les nombreuses espèces qui cherchent leur proie pendant le
jour. Leurs ailes sont très-grandes, et leurs plumes ont
des barbes serrées, ce qui leur permet de s'élever très-
haut et de soutenir longtemps leur vol sans craindre le
froid ni la fatigue. Des plus grandes hauteurs, leur
vue perçante découvre leur proie, sur laquelle ils tombent avec la rapidité de l'éclair. On les a distingués en

cinq genres principaux : les *vautours*, les *aigles*, les *autours*, les *faucons* et les *messagers*.

Les *vautours* se reconnaissent à leur bec plus allongé, à leur tête ordinairement nue, à leurs yeux à fleur de tête, à leurs ongles courts, à leurs ailes longues et pointues. Moins fortement armés que les aigles, ils sont aussi moins hardis, et vivent plutôt de cadavres que de proie vivante. C'est aussi ce qui les porte à se réunir par troupes. Leur voracité est telle, qu'ils se gorgent de nourriture au point de ne plus pouvoir se défendre. Ils nichent sur les rochers les plus escarpés. On en trouve dans toutes les parties du monde, excepté dans l'Australie. Parmi les nombreuses espèces de vautours, nous mentionnerons le *vautour propre* (fig. 88), type du genre ; le *condor*, remarquable par sa taille, et par la caroncule ou crête qui se trouve au-dessus et au-dessous de son bec ; le *gypaète* ou *vautour-aigle*, espèce

Fig. 88. Vautour.

à laquelle appartient le *lammer-geier* ou *vautour des agneaux*, le plus grand oiseau de proie de l'ancien continent.

Les *aigles* ont les yeux enfoncés, les tarses fortement emplumés et les ailes tronquées obliquement. Leur bec, plus court que celui des vautours, est plus long que celui des autours dont nous parlerons plus loin. Ce sont les plus forts et les mieux armés de tous les oiseaux de proie. Ils nichent, comme les vautours, sur des montagnes inaccessibles, et ils entassent, dans leur nid ou *aire*, d'abondantes provisions. On distingue parmi eux les *aigles propres*, comprenant entre autres l'*aigle royal* ou *commun* (fig. 89) et l'*aigle impérial ;* les *halietes* ou *aigles pêcheurs*, parmi lesquels nous citerons l'*orfraie* ou *pyrargue;* les *harpies* ou *aigles destructeurs*, qui sont originaires d'Amérique.

Fig. 89. Aigle.

Les *autours* forment le genre le plus étendu des rapaces. Plus petits que les vautours et que les aigles, ils ressemblent assez bien à ces derniers, mais leurs tarses sont plus longs

Fig. 90. Milan.

et leurs serres plus faibles ; aussi ne peuvent-ils poursuivre que de faibles animaux. On les divise en quatre sous-genres : 1° les *autours propres*, dont les ailes vont jusqu'à l'origine de la queue, et parmi lesquels nous citerons l'*autour commun* et l'*épervier ;* 2° les *milans* (fig. 90), dont les ailes dépassent la queue, qui est presque toujours fourchue; 3° les *buses*, dont les ailes ont à peu près la longueur de la queue ; 4° les *busards,* qui diffèrent des buses par une espèce de collier que forment les plumes de leurs oreilles.

Les *faucons* (fig. 91) sont très-bien caractérisés par leur bec courbé dès sa base et armé d'une ou deux dents à son extrémité, ainsi que par leurs ailes pointues. Ils sont très-courageux et très-bien armés, ce qui, joint à leur docilité, leur a valu le privilége d'être employés à la chasse. Les grandes espèces nichent dans les rochers, les petites au haut des arbres. La plus grande est le *gerfaut,* qui était le plus renommé pour la chas-

Fig. 91. Faucon.

se ; la plus petite est l'*émerillon,* à peine plus grand qu'une grive ; le *faucon propre* était renommé à l'égal du gerfaut.

Le genre *messager* ne renferme qu'une espèce fort reconnaissable à ses longues pattes semblables à celles d'un échassier. Cette conformation est en rapport avec les habitudes de ces oiseaux de proie, qui, se nourrissant de serpents, devaient être organisés de manière à n'en pouvoir être mordus.

Les rapaces NOCTURNES ont une physionomie analogue à celle du chat, qui les fait reconnaître au premier abord. Leur tête est grosse ; leurs yeux, très-grands, sont dirigés en avant ; leur bec est presque entièrement caché par les plumes qui entourent sa base ; leur cou et leurs tarses sont très-courts ; leur doigt externe est *reversible,* c'est-à-dire peut se porter,

Fig. 92. Chat-huant hulotte.

Fig. 93. Petite chouette.

Fig. 94. Hibou.

à volonté, en avant ou en arrière. Les couleurs, peu variées, de leur plumage sont distribuées par taches. Seuls d'entre les oiseaux, ils ont une conque auriculaire, qu'ils peuvent ouvrir ou fermer à volonté. La sensibilité de leur vue leur permet de voler au crépuscule et pendant la nuit, mais les empêche, en général, de soutenir la clarté du jour tant que le soleil est sur l'horizon.

Cette famille ne se compose que du seul genre *hibou*, qui comprend beaucoup d'espèces et se divise en deux sous-genres principaux : les *hiboux*, qui ont des aigrettes sur la tête, et les *chouettes*, qui n'en ont pas. Parmi les chouettes, nous citerons le *chat-huant* ou *hulotte* (fig. 92), et la *chevêche* ou petite *chouette* (fig. 93) ; parmi les hiboux, le *hibou commun* (fig. 94) et le *grand-duc*, le plus grand des rapaces nocturnes, qui attaque les plus grands oiseaux, les lièvres et même les jeunes chevreuils.

XIVᵉ LEÇON.

ORDRE DES PASSEREAUX.

Cet ordre comprend autant d'espèces que tous les autres réunis ; mais c'est le moins bien caractérisé. Toutefois ces oiseaux, très-différents entre eux, se distinguent très-bien de ceux des autres ordres. Leur vol, léger et rapide, n'a pas la puissance de celui des oiseaux de proie ou de certains palmipèdes ; leurs doigts sont toujours dépourvus de membrane, et leurs ongles sont de moyenne grandeur. Leur bec, variable de forme suivant le genre de nourriture, est d'autant plus gros que les graines y prédominent davantage ; il est fin chez ceux qui se nourrissent d'insectes.

Les passereaux se divisent en cinq familles : 1° les DENTIROSTRES, dont le bec est échancré à son extrémité ; 1° les FISSIROSTRES, qui l'ont profondément fendu à sa base ; 3° les CONIROSTRES, chez lesquels le bec est fort et plus ou moins conique ; 4° les TÉNUIROSTRES, ainsi nommés à cause de la finesse de leur bec ; 5° les SYNDACTYLES, qui ont deux doigts réunis pàr une membrane.

Les passereaux de la famille des DENTIROSTRES se rapprochent d'autant plus des oiseaux de proie, que l'échancrure qui est à l'extrémité de leur bec est plus profonde. Il en est qui attaquent de petits quadrupèdes ; les plus faibles se nourrissent d'insectes, et on les voit, en général, changer de lieu à mesure que les insectes disparaissent par certaines causes, telles que le froid, la sécheresse, la pluie. Beaucoup d'entre eux se font remarquer par la beauté de leur chant.

Nous citerons, parmi les oiseaux de cette famille, les *pies grièches* (fig. 95), que leurs habitudes carnas-sières rapprochent des oiseaux de proie ; les *gobe-mouches* (fig. 96), querelleurs comme les pies-grièches, mais qui ont le bec aplati, tandis que celui des pies-griè-ches est comprimé la-téralement ; les *cotin-gas,* dont le *jaseur* (fig. 97) est une espèce ; les *merles,* dont la *grive* (fig. 98) est une espèce, et dont le bec diffère de celui des pies-griè-ches en ce qu'il n'est pas crochu, en ce qu'il

Fig. 93. Pie-griéche.

Fig. 96. Gobe-mouches.

Fig. 97. Jaseur.

Fig. 98. Grive.

est plus long, moins gros et moins échancré, ce qui correspond à des habitudes plus paisibles et même timides ; les *cingles* ou *merles d'eau,* qui se distinguent des précédents par la longueur de leurs tarses, corres-pondant à leurs habitudes aquatiques ; les *loriots,* qui

ont les mêmes habitudes que les merles, dont ils diffèrent par leur bec un peu plus gros et plus court ; les
lyres, dont la queue du mâle a la forme de l'instrument
de musique de ce nom ; les *becs-fins,* genre qui se compose d'une multitude de
petits oiseaux caractéri-
sés par un bec droit et
grêle, dont l'échancrure
est extrêmement peu
marquée, et qui vivent
exclusivement d'insec-
tes. C'est à ce dernier
genre qu'appartiennent

Fig. 99. Fauvette à tête noire.

les *fauvettes* (fig. 99), dont le *rossignol* est une espèce,
les *roitelets,* le *lavandières,* les *bergeronnettes* (fig. 100),

Fig. 100. Bergeronnette.

etc., oiseaux peu brillants, mais qui charment par
leurs chants mélodieux.

Les FISSIROSTRES se distinguent par leur bec court,
large, sans échancrure, légèrement crochu à son extrémité, très-profondément fendu à sa base ; leurs ailes
dépassent leur queue, leurs tarses sont courts, et leur
doigt postérieur varie par sa position. Ils engloutissent
de nombreux insectes dans leur gosier large et profond,
enduit d'une salive visqueuse. Cette famille comprend

trois genres : les *hirondelles*, les *martinets* et les *engou-levents*.

Les *hirondelles,* que leurs voyages annuels, et leur attachement aux lieux où elles font leur nid, ont de tout temps rendues intéressantes, diffèrent des *martinets* (fig. 101) en ce que ceux-ci ont leurs tarses emplumés, leurs quatre doigts dirigés en avant et leurs ailes encore plus longues, ce qui leur permet de se tenir continuelle-ment dans les hau-

Fig. 101. Martinet.

tes régions de l'atmosphère, où on les entend poursui-vre à grands cris les insectes. La *salangane* (fig. 102), dont le nid est très-recherché en Chine comme aliment, est une espèce d'hirondelle. Quant aux *en-goulevents,* dont le nom vient du bruit que fait l'air en s'engouf-frant dans leur gosier, s'ils res-

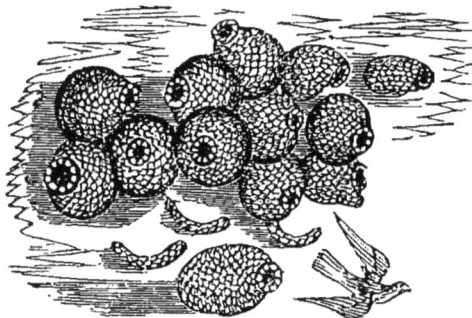

Fig. 102. Nids de salanganes.

semblent aux hirondelles et aux martinets par la forme de leur bec et de leurs pattes, ils en diffèrent par leurs habitudes nocturnes, par leur tête grosse, leurs yeux grands, leur plumage duveté, tacheté de blanc et de gris.

La famille des CONIROSTRES, très-étendue, se fait reconnaître à la forme plus ou moins conique du bec. Les oiseaux qui la composent se nourrissent de grai-nes, de fruits secs ou de charognes, et ils vivent par grandes troupes. On les divise en deux tribus : les *granivores,* qui se nourrissent principalement de graines et dont le bec est généralement gros, plus court que la tête, et les *omnivores,* qui ont le bec moins gros proportionnellement et plus court que la tête.

C'est à la tribu des granivores qu'appartient le *moineau domestique,* ainsi qu'un grand nombre d'autres oiseaux qui s'en rapprochent et qui sont, comme lui, le fléau des moissons quand leur multiplication est trop grande. Cette tribu comprend les *alouettes,* les *mésanges,* les *bruants,* les *becs-croisés,* les *bouvreuils* et les *fringilles,* dont le moineau est une espèce.

Les *alouettes* ont le bec plus mince et plus long que les autres granivores, et leur ongle postérieur, très-allongé, est entièrement droit, ce qui les empêche de se percher sur les arbres et les oblige de courir à terre. Elles nichent dans les sillons, et pondent plusieurs fois par an. On distingue l'*alouette des champs,* l'*alouette huppée* et l'*alouette des bois ;* cette dernière se pose quelquefois sur les arbres, et niche dans les taillis.

Les *mésanges* (fig. 103) ont le bec court, conique et garni de petits poils à sa base; les narines cachées par les plumes du front; les ongles forts et aigus, sur-

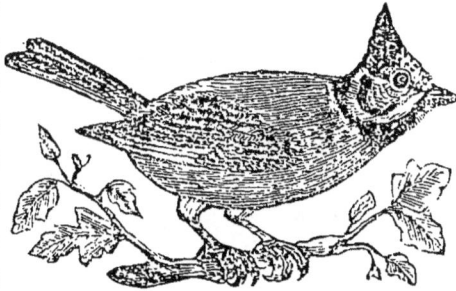

Fig. 103. Mésange huppée.

tout celui du pouce. Elles sont très-vives, très-pétulantes, se nourrissent de petits insectes et de graines; mais elles sont méchantes et se jettent sur les oiseaux blessés, même ceux de leur propre espèce.

Les *bruants* se font reconnaître à leur bec gros, fort, comprimé, dont les bords tranchants se correspondent mal, et dont la mandibule supérieure est garnie d'un tubercule dur et saillant. Ils font de grands dégâts dans nos grains, mais sont très-étourdis et leur chasse est facile. Ils sont excellents à manger ; c'est à ce genre qu'appartient l'*ortolan*.

Les *becs-croisés* (fig. 104) doivent leur nom à la sin-

Fig. 104. Becs-croisés.

gulière conformation de leur bec, dont les mandibules se croisent, disposition favorable pour arracher les écailles des cônes de sapin dont se nourrissent ces oiseaux, qui habitent les régions boréales.

Fig. 105. Bouvreuils.

Les *bouvreuils* (fig. 105) se reconnaissent à leur bec gros, court et bombé de toutes parts, à leur mandibule supérieure courbée sur l'inférieure, à leurs ailes obtuses et peu propres au vol.

Les *fringilles* comprennent plus d'espèces que tous les autres genres réunis. Ils se distinguent à leur bec gros,

conique, bombé supérieurement, et dont les bords se
correspondent dans toute leur étendue. On les rencontre dans tous les climats, mais principalement
dans les régions voisines de l'équateur. Ce genre se
divise en sept sous-genres : les *gros-becs*, auxquels appartient le *verdier* ;
les *moineaux*, si
communs autour
de nos habita-
tions ; les *pinsons*,
renommés par la
gaieté de leur
chant ; les *veuves*,
oiseaux d'Afrique

Fig. 106. Chardonneret.

et des Indes, remarquables par la beauté de leur longue queue ; les *linottes*, connues pour leur étourderie ;
les *serins*, au beau plumage jaune, au chant souple
et varié ; les *chardonnerets* (fig. 106), remarquables
par leur chant et les couleurs éclatantes de leur plu-

Fig. 107. Tisserin (ploceus).

mage. Le *ploceus socius* (fig. 107), espèce voisine du
moineau, vit en société sous un abri commun.

Les conirostres *omnivores* sont, en général, d'une taille supérieure à celle des granivores. Ils se nourrissent d'insectes, de charognes, de graines et de fruits. Aucun d'eux n'a de chant agréable, et leur chair n'est pas bonne à manger. Cette tribu comprend cinq genres principaux, parmi lesquels nous citerons les *étourneaux*, les *corbeaux* et les *paradisiers*.

Les *étourneaux* vivent en troupes nombreuses, et sont voyageurs. Ils sont si familiers, qu'ils suivent les bestiaux pour attraper les insectes qui se tiennent sur eux. L'espèce d'Europe est appelée *sansonnet* (fig. 108); son plumage est noirâtre avec de vifs reflets de pourpre et de vert doré.

Fig. 108. Etourneau commun.

Les *corbeaux* forment un genre comprenant, outre l'oiseau de ce nom, tous les omnivores à bec fort, tranchant, arqué ou crochu à son extrémité, et dont les narines sont recouvertes par des poils qui partent du front et se dirigent en avant. Ils sont de taille grande ou moyenne, et attaquent souvent d'autres oiseaux et de petits quadrupèdes. Ils nichent sur les rochers, ou au sommet des plus hauts arbres. On les divise en quatre sous-genres : les *corbeaux* proprement dits, les *pies*, les *geais* et les *cassenoix*.

Fig. 109. Corbeau.

Les *corbeaux proprement dits* comprennent diverses espèces, notamment le *corbeau vulgaire* (fig. 109), le plus grand des passereaux d'Europe, dont le corps, long de deux pieds, est d'un beau noir lustré ; la *corneille*, plus petite ; la *corneille mantelée*, dont le cou et le dos sont d'un gris cendré, et le *choucas* ou *petite corneille des clochers*.

Les *pies* (fig. 110) sont d'une taille plus petite, et se font remarquer par leur ventre blanc, leur queue noire à reflets verdâtres, et le noir velouté des parties supérieures du corps.

Fig. 110. Pie.

Les *geais* (fig. 111) ont les plumes du front lâches ; le geai commun a le plumage cendré, les ailes bordées de bleu et de noir.

Fig. 111. Geai.

Les *paradisiers* ou *oiseaux de paradis* (fig. 112), remarquables par leur superbe plumage, sont originaires de la Nouvelle-Guinée. Leurs plumes du front sont comme veloutées, et brillent souvent de couleurs métalliques. Ils vivent par bandes comme les corbeaux, et se tiennent dans les forêts profondes où ils vivent d'insectes, de bourgeons et de fruits, et attaquent, dit-on,

Fig. 112. Paradisier.

de petits oiseaux. Nous citerons, parmi leurs espèces, l'*émeraude*, dont les plumes des flancs et de la queue forment ces panaches moelleux employés comme parure.

Les oiseaux de la famille des TÉNUIROSTRES, moins nombreuse que les précédentes, se distinguent à leur bec grêle, le plus souvent très-long et toujours sans échancrure. Leurs doigts sont pourvus d'ongles forts et aigus, et le doigt extérieur est uni par sa base à celui du milieu. Ils vivent d'insectes, qu'ils saisissent en grimpant le long des arbres et des branches.

Parmi eux on distingue les *promerops*, originaires de l'Océanie, de l'Afrique et des Indes, et dont certaines espèces sont aussi appelées *oiseaux de paradis*, à cause du riche développement des plumes de la queue ou des flancs; les *huppes* (fig. 113), au joli plumage, au

Fig. 113. Huppe.

long bec arqué, à la tête surmontée d'une huppe gracieuse, et qui vivent dans les lieux humides et marécageux ; les *grimpereaux*, dont la langue, terminée en pointe cartilagineuse ou bifide, sert à prendre les insectes ou le miel dans le calice des fleurs ; les *colibris* (fig. 114), au riche et étincelant pluma- ge, les plus petits oiseaux que l'on con- naisse, très-com- muns dans l'Améri- que-Méridionale et aux Antilles, et qui se distinguent par leur bec plus long que la tête, leur tarse plus court que le doigt du milieu, leurs ailes très-allon-

Fig. 114. Colibri.

Fig. 115. Oiseau-mouche.

gées, et dont une espèce, l'*oiseau-mouche* (fig. 115), est à peine plus gros qu'une grosse abeille.

Les SYNDACTYLES sont ainsi appelés à cause de la réunion de leurs doigts extérieur et moyen dans toute leur étendue. Ceux qui ont le bec long et à man- dibules entières sur leurs bords se nourrissent d'in- sectes et de petits poissons ; ceux qui ont cet organe robuste et dentelé vivent d'insectes, de fruits, et même de petits animaux ou de cadavres. La famille des syndactyles se compose de trois genres : les *guê- piers*, oiseaux pour la plupart exotiques, aux formes élancées, au bec arqué, à la queue et aux ailes longues, qui vivent de guêpes et d'abeilles ; les *alcyons* ou *mar- tins-pêcheurs* (fig. 116), qui se distinguent des précédents par leurs formes trapues, leur queue courte, leur tête grosse, leur bec long et droit, et qui vivent d'insectes, de larves aquatiques et de petits poissons, qu'ils pêchent en volant avec agilité à la surface des rivières; les *calaos*, oiseaux d'Afrique et des Indes-Orientales, remarquables par leur taille, qui égale et surpasse celle du corbeau, par leurs doigts réunis, leur bec énorme mais frêle, leur vol bruyant, rendu plus singulier encore par le claquement de leurs mandibules, et qui se nourrissent de fruits, d'insectes, de reptiles et de petits mammifères.

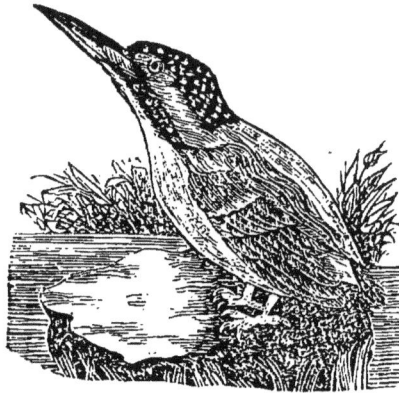

Fig. 116. Martin-pêcheur.

XVe LEÇON.

ORDRE DES GRIMPEURS. ORDRE DES GALLINACÉS.

Les GRIMPEURS sont caractérisés par la disposition de leurs doigts, dont deux sont en avant et deux en arrière, ainsi que par l'habitude qu'ont certains d'entre eux de grimper le long des arbres et des branches pour saisir les insectes. Cette habitude, qui ne leur appartient pas à tous, appartient, comme nous l'avons vu, à beaucoup d'oiseaux qui ne rentrent pas dans cet ordre. Ils se nourrissent de chenilles et autres larves, de vers, quelquefois de fruits tendres, ou même de noyaux, et ils nichent dans les trous des vieux arbres. Ils ont les tarses courts, et marchent avec une sorte de balancement analogue à celui des canards. Leur vol est médiocre, leur vie assez triste.

Ces oiseaux, dont la plupart appartiennent aux contrées chaudes des deux continents, peuvent se diviser en deux sections : les grimpeurs à bec droit, et ceux qui ont le bec courbé ou crochu. Dans la première section, on trouve les *jacamars*, qui ressemblent un peu aux martins-pêcheurs et ont comme eux le bec très-long ; les *pics*, parmi lesquels nous citerons le *pic-vert* ou *pivert*, et qui sont remarquables par leur agilité à grimper le long des arbres en s'appuyant sur les plumes raides de leur queue, pour y saisir de leur bec robuste les insectes, à l'aide de leur langue garnie d'épines et enduite d'une salive gluante ; les *torcols*, peu habiles à grimper à cause de la faiblesse de leurs doigts, et qui chassent de préférence à terre les fourmis. Dans les grimpeurs à

Fig. 117. Coucou.

bec arqué, on trouve le *coucou* (fig. 117), si connu par son cri monotone, son genre de vie triste et solitaire, et son habitude de déposer ses œufs dans le nid de certains oiseaux qui les couvent avec complaisance, même quand il a détruit les leurs ; le *couroucou*, dont les formes sont peu gracieuses, mais qui est remarquable par son plumage soyeux aux vives couleurs ;

l'*anis,* qui vit en troupes construisant un nid commun;
le *toucan* (fig. 118), oiseau au brillant plumage, dont
le bec énorme, mais fragile, ressemble à celui du
calao, et dont la langue, longue et mince, est garnie,
de chaque côté, de barbes semblables à celles d'une
plume; le *touraco,* oiseau d'Afrique dont le plumage
est assez éclatant, et qui se rapproche plus ou moins

Fig. 118. Toucan.   Fig. 119. Perroquet.

des gallinacés; le *perroquet* (fig. 119), enfin, si reconnaissable à son bec fort et crochu, à sa langue charnue,
qui, jointe à la conformation de son larynx, lui rend
facile l'imitation de la parole et celle des différentes
voix des animaux.

Parmi les perroquets, on distingue les *aras,* oiseaux
d'Amérique dont la queue est élargie et les yeux entourés d'un large espace sans plumes; les *perruches,* qu'on
trouve dans les deux continents, et qui diffèrent des
aras par leurs yeux entourés de plumes; les *cacatoès,*
originaires des Moluques et autres îles voisines, et qui
se reconnaissent à leur tête huppée, à leur plumage
ordinairement blanc ou violet et à leur queue ronde;
les *perroquets ordinaires,* dont la queue est aussi ronde,

mais dont la tête est sans huppe et le fond du plumage gris ou vert ; les *loris,* originaires des Indes-Orientales, et dont le plumage est rouge ; les *psittacules,* comprenant les espèces dont la taille est petite comme celle d'un moineau et dont la queue est arrondie.

Les GALLINACÉS, dont le coq (*gallus*) nous offre un type, forment un ordre important auquel appartiennent la plupart des oiseaux domestiques. Presque tous excellents à manger, ils se nourrissent de graines ; leur gésier, fort et musculeux, les rend propres à ce régime. Leurs narines sont percées dans un espace membraneux de la base du bec. Ils ont tous la voix forte et criarde. On les divise en deux familles : les GALLINACÉS proprement dits, et les PÉRISTÈRES (du grec *peristeron, pigeon*).

La famille des GALLINACÉS proprement dits, dont le coq est le type, se distingue par la fierté du port et la beauté du plumage, autant que par l'utilité qu'elle offre au point de vue de la nourriture de l'homme. Ces oiseaux ont le bec court et fort, les tarses longs, robustes et souvent armés d'un éperon corné ou *ergot* qui rend leur marche plus agile. Ils ne font pas de nid, et pondent leurs œufs à terre ; mais la femelle se fait remarquer par la sollicitude avec laquelle elle les couve, et par son courage à défendre sa couvée. Cette famille peut se diviser en quatre petites tribus : 1° les *cracidés,* qui ont pour type le *dindon* (fig. 120), originaire des forêts de l'Amérique-Méridionale où il est aussi

Fig. 120. Dindon.

Fig. 121. Faisan

Fig. 122. Paon.

vif qu'il est lourd dans nos basses-cours, et que l'on reconnaît aisément à la peau nue et ridée qui couvre la tête et le haut du cou, ainsi qu'à la queue large et arrondie, susceptible de faire la roue comme celle du paon ; 2° les *phasianés*, dont le nom vient de *phasianus, faisan*, et qui comprennent, outre les oiseaux de ce nom (fig. 121), reconnaissables à leurs joues nues et à leur longue queue élargie, les *paons* (fig. 122), caractérisés par leur aigrette et leur magnifique queue arrondie , ainsi que les *coqs* (fig. 123), à la tête surmontée d'une crête charnue verticale, et à la queue redressée en forme de panache ; 3° les *tétraonides,* qui ne comprennent que

le genre *tétra*, auquel appartient le *coq de bruyère*, et
qui sont des oiseaux gros et lourds, remarquables tou-

Fig. 123. Coq.

Fig. 124. Perdrix grise.

tefois par la beauté de leur port, reconnaissables à leurs
tarses emplumés, à leurs sourcils nus garnis d'une
belle peau rouge, et
qui affectionnent par-
ticulièrement les
pays du nord ou du
moins les montagnes
et les forêts froides ;
4° les *perdicés*, re-
connaissables à leur
queue peu fournie,
à leurs sourcils dé-
pourvus de plumes, et
parmi lesquels nous
citerons la *perdrix*
(fig. 124 et 125),
dont la *caille* (fig.
126) est un sous-
genre, et la *pintade*,
oiseau d'Afrique, au plumage parsemé de taches blanches, dont la tête est surmontée d'un casque osseux ou

Fig. 125. Perdrix rouge.

Fig. 126. Caille.

d'une espèce de panache, avec des barbillons pendants au bas des joues comme chez le coq.

Les PÉRISTÈRES tiennent des gallinacés par leur gésier musculeux, leur vaste jabot, leur bec voûté, leurs narines membraneuses et renflées ; ils tiennent des passereaux par leur vol soutenu, leurs doigts libres à la base, leur habitude de nicher sur les arbres, et le petit nombre de leurs œufs. Ils sont faciles à apprivoiser, et vivent de graines et de pepins, dont ils consomment une grande quantité. Quoiqu'ils ne pondent que deux œufs à la fois, ils se multiplient rapidement parce que leur ponte se renouvelle plusieurs fois l'année. Leurs petits ont longtemps besoin de leurs soins, partagés par le mâle et la femelle, qui dégorgent dans leur bec une sorte de lait formé par des aliments à demi digérés. Ces oiseaux vivent en grandes troupes.

Les *pigeons* (fig. 127) forment le genre le plus nombreux de cette famille. On les reconnaît à leur bec long et grêle, à leurs ailes pointues et à leurs tarses courts. Nous citerons, parmi leurs espèces, le *ramier*, au plumage bleu-cendré et

Fig. 127. Pigeon.

au plastron de couleur vineuse ; le *biset*, souche des diverses variétés que nous élevons dans nos colombiers ; la *tourterelle*, au plumage cendré vineux, la plus petite des espèces d'Europe.

XVIᵉ LEÇON.

ORDRE DES ÉCHASSIERS.

Les ÉCHASSIERS se reconnaissent d'emblée à la grande longueur de leurs tarses, qui, jointe à la nudité du bas de leurs jambes, leur permet d'entrer profondément dans l'eau sans se mouiller les plumes, et d'y pêcher à l'aide de leur long bec et de leur long cou. Leurs doigts sont, en outre, plus ou moins rattachés entre eux par une membrane, qui les empêche de s'enfoncer dans la vase. Ceux dont le bec est fort et tranchant vivent de poissons et de reptiles ; ceux chez lesquels cet organe est long et faible, se nourrissent de vers et d'insectes ; il en est, au bec fort et court, qui se nourrissent en outre de graines et d'herbages. Leur corps est généralement mince, comprimé latéralement, et ils n'ont presque pas de queue. Leurs habitudes sont en général nocturnes ; ils sont voyageurs. Dans leur vol, ils étendent leurs jambes en arrière, au lieu de les replier sous le ventre comme les oiseaux dont nous avons parlé jusqu'ici.

On divise les échassiers en cinq familles : 1º les BRÉVIPENNES, dont l'autruche est le type, et qui ont le corps massif, les ailes très-courtes, impropres au vol ; 2º les PRESSIROSTRES, qui, comme les pluviers et les vanneaux, ont un bec médiocrement long, assez fort pour percer le sol afin d'y chercher les vers ; 3º les CULTRIROSTRES, oiseaux au bec gros, long, robuste, le plus souvent tranchant sur ses bords, leur permettant de se nourrir de proie ; et dont nous trouvons un type dans la cigogne ; 4° les LONGIROSTRES, qui, tels que les *ibis*, les *chevaliers*, les bécasses, ont un bec long, mince, quelquefois flexible, propre seulement à prendre les insectes et les vers ; 5° les MACRODACTYLES, qui, comme les râles et les poules d'eau, ont tous leurs doigts très-allongés, terminés par de grands ongles, ce qui leur permet de marcher aisément sur les terrains marécageux.

La famille des BRÉVIPENNES se compose des deux genres *autruche* et *casoar*. Ces oiseaux, destinés à marcher rapidement et non à voler, ont les jambes fortes, tandis que les ailes sont courtes et faibles. Ils vivent au milieu des déserts, où ils se nourrissent de substances végétales. Leur bec gros et fort, leur gésier musculeux, leur donnent de l'analogie avec les gallinacés.

Fig. 128. Autruche.

L'*autruche* (fig. 128), célèbre par sa taille gigantesque et la beauté de ses plumes, employées comme parure, se distingue du *casoar* par ses tarses plus longs ; en outre, les plumes de celui-ci, peu garnies de barbules, ressemblent de loin à de longs poils. Elle pond ses œufs, au nombre de quinze environ, dans le sable, où ils éclosent sans être couvés ; toutefois, dans les régions moins brûlantes situées en deçà des tropiques, l'oiseau vient les réchauffer de temps en temps. L'éclosion se fait au bout de six semaines. Les œufs d'autruche, gros comme la tête d'un enfant nouveau-né, sont très-bons à manger. L'autruche proprement dite appartient à l'ancien continent ; l'Amérique en fournit une espèce particulière un peu plus petite, appelée *nardou*.

Les échassiers de la famille des PRESSIROSTRES, sans être impropres au vol comme ceux dont nous venons de parler, ne soutiennent leur vol que peu de temps ; mais ils sont aussi très-agiles à la course. Leurs jambes sont hautes, leurs doigts courts ou de moyenne grandeur. La plupart manquent de pouce, ou du moins ne l'ont que très-petit, et articulé plus haut que les autres doigts comme celui des gallinacés. Leur bec, ainsi que nous l'avons dit, est assez fort pour percer la terre, quelquefois même pour déchirer des reptiles. Ils nichent à terre, et pondent de deux à cinq œufs. La plupart sont renommés comme gibier. Parmi les genres dont se compose cette famille, nous citerons les *outardes*, les *pluviers*, les *vanneaux* et les *huîtriers*.

Les *outardes* (fig. 129) ressemblent aux gallinacés par leur port et par leur genre de nourriture ; mais leur cou allongé, leurs tarses élevés et la nudité du bas de leurs jambes les en font distinguer. Leur bec voûté et à pointe mousse, et la brièveté de leurs ailes, qui ne leur servent guère à voler, les distinguent des

Fig. 129. Outarde.

autres oiseaux de la famille des pressirostres. Elles vivent dans les blés ou dans les campagnes couvertes de broussailles ; leur naturel est sauvage et défiant.

Leur femelle, comme celle des gallinacés, s'occupe seule
du soin des petits.

Les *pluviers* (fig. 130), dont le nom vient de ce
qu'ils arrivent dans nos pays à l'époque des pluies, se
distinguent des outardes par leur taille plus petite,
par leur bec plus faible et renflé à son extrémité, par
leur nourriture, qui se compose d'insectes et de vers.

Fig. 130. Pluvier.   Fig. 131. Vanneau.

Les *vanneaux* (fig. 131) ressemblent beaucoup aux
pluviers; mais ils ont un très-petit pouce en arrière,
tandis que les pluviers, de même que les outardes,
n'ont que trois doigts.

Fig. 132. Huîtrier.

Les *huîtriers* (fig.
132), dont le nom vient
de leur habileté à ouvrir
les huîtres, se caracté-
risent par leurs tarses
plus courts que ceux des
autres échassiers, par la
membrane qui réunit
leurs doigts et leur per-
met de nager, par leur
plumage lustré et par
leur bec long, droit, comprimé en coin. Ils voyagent
en grandes troupes, du nord au midi.

Parmi les CULTRIROSTRES, nous citerons la *grue,* le *héron,* la *cigogne,* qui en sont des types si remarquables. Les oiseaux de cette famille, en général de grande taille, se nourrissent principalement de grenouilles et autres reptiles, que la force de leur bec long et tranchant leur permet de broyer. Ils habitent les bords des marécages, où la longueur de leurs tarses, jointe au fort développement de tous leurs doigts, leur permet de marcher facilement.

La *grue* a le bec court et peu fendu ; ses doigts sont courts, ses ailes grandes, son vol puissant. Les grues entreprennent, en grandes troupes, de longs voyages dans les régions élevées de l'air, où elles ne volent que de nuit, s'abattant le jour dans des plaines.

Le *héron* diffère de la grue par son bec long, pointu, fendu jusque sous les yeux, et à bords tranchants comme des ciseaux. Son pouce est plus développé, ses doigts extérieur et moyen réunis par une membrane bien marquée. Il habite le bord des lacs, des rivières et des marais, où il se nourrit de poissons, de grenouilles, de mollusques et de petits quadrupèdes. Ses habitudes sont tristes et solitaires ; il se tient de longues heures dans l'immobilité, attendant le moment de saisir sa proie. Parmi les espèces de ce genre, nous citerons le *héron* proprement dit et le *butor,* qui s'en distingue par ses pattes courtes et la grosseur de son cou.

La *cigogne* (fig. 133) a le bec beaucoup plus fort que le héron, et de plus elle a une petite membrane entre les trois doigts antérieurs. Ses habitudes sont à peu près les mêmes. Par une disposition particulière de l'articulation du tarse sur la jambe, elle peut demeurer des heures entières immobile sur un seul membre. La *cigogne* proprement dite est familière au point de se montrer jusque dans l'intérieur des villes. Le *marabou* se fait remarquer par la beauté des plumes de dessous les ailes, formant des panaches moelleux employés comme parure.

Fig. 133. Cigogne.

Fig. 134. Ibis.

Les LONGIROSTRES se divisent en deux tribus, suivant le plus ou moins grand développement de leurs tarses. Parmi ceux dont le tarse est très-développé, nous citerons l'*ibis* (fig. 134), objet d'un culte chez les anciens Egyptiens; le *courlis* (fig. 135), qui se distingue de

Fig. 135. Courlis.

Fig. 136. Combattant.

l'ibis en ce qu'il a la tête emplumée tandis qu'elle est nue chez ce dernier, et en ce qu'il n'habite pas, comme l'ibis, le bord des eaux ; l'*avocette*, reconnaissable à ses pieds entièrement palmés, ainsi qu'à son bec pointu et retourné en haut ; le *chevalier*, qui a le bec droit et le doigt extérieur réuni à celui du milieu, et dont le *bécasseau* ou *cul-blanc de rivière* est une espèce ; le *combattant* (fig. 136), remarquable par la variété de son plumage, qui, chez le mâle, forme, au printemps, une large collerette. Parmi les longirostres dont le tarse est court, et qui, sauf deux ou trois espèces, ont constamment les doigts dépourvus de membrane, nous mentionnerons la *maubèche,* dont une espèce porte le nom d'*alouette de mer;* la *bécasse* (fig. 137), reconnaissable à son long bec droit renflé à l'extrémité, à ses gros yeux situés très en arrière, à ses tarses courts, à ses jambes presque entièrement emplumées et à son plumage gris rayé de brun; le *tourne-pierre* (fig. 138), ainsi nommé parce qu'il cherche sa nourriture sous les pierres en les déplaçant avec son bec.

Fig. 137. Bécasse.

Fig. 138. Tourne pierre.

Les MACRODACTYLES, caractérisés, ainsi 'que nous l'avons dit, par la longueur de leurs doigts, propres à marcher sur les terrains marécageux, ont le bec médiocrement long, assez fort et ressemblant plus ou moins à celui des gallinacés. Nous citerons parmi eux la *poule d'eau*, genre nombreux dont le *foulque* (fig. 139) est un sous-genre, et dont les doigts, bordés d'une membrane, sont propres à la natation; le *râle*, qui ressemble beaucoup à la poule d'eau, mais qui a les doigts libres et le bec plus long; le *jacana*, oiseau des contrées intertropicales, dont l'aile porte à sa base un éperon très-aigu; le *kamichi*, oiseau d'Amérique qui porte un éperon à l'aile comme le jacana, et dont la taille égale celle d'un dindon, ce qui lui permet, lorsqu'il est réduit en domesticité, de défendre les oiseaux de basse-cour contre les oiseaux de proie; le *flammant*, remarquable par la grande longueur de ses tarses et de son cou, par son bec brusquement courbé vers le milieu, par la palmure bien caractérisée de ses doigts de devant, et par son plumage lustré comme celui des palmipèdes.

Fig. 139. Foulque.

XVIIe LEÇON.

ORDRE DES PALMIPÈDES.

Les PALMIPÈDES ou *oiseaux aquatiques*, reconnaissables à leurs doigts réunis par une membrane permettant la natation, se distinguent, en outre, à leurs tarses courts, à la situation de leurs pieds en arrière, à la largeur de leur sternum, qui donne à leur corps la forme d'un bateau, à leur plumage lustré et imperméable, sous lequel se trouve un duvet fin et moelleux qui les préserve du froid et de l'humidité, auxquels les exposent leurs habitudes aquatiques. Ils construisent toujours leur nid sur le bord des eaux, parmi les plantes aquatiques ou dans les fentes des rochers qui les avoisinent; leurs petits courent en naissant comme ceux de la poule.

Cet ordre se divise en quatre familles : 1° les BRACHYPTÈRES, caractérisés par le peu de développement de leurs ailes, disposition portée à l'extrême chez les manchots; 2° les LONGIPENNES, qui, au contraire, volent avec facilité et comprennent cette multitude d'oiseaux de mer qui, comme les mouettes, rasent la surface des eaux; 3° les TOTIPALMES, remarquables par la palmure complète de leurs pieds, embrassant le pouce lui-même, comme chez le pélican; 4° les LAMELLIROSTRES, dont le canard nous offre le type, et qui se caractérisent par leur bec aplati, garni sur ses bords de petites dents ou de lamelles transversales.

Les oiseaux de là famille des BRACHYPTÈRES n'ont

pas seulement leurs ailes très-peu développées ; ils éprouvent, en outre, beaucoup de difficulté à marcher, leurs pieds étant situés très en arrière, ce qui les oblige à se tenir dans une position verticale difficile à maintenir ; mais en revanche ils nagent avec la plus grande facilité, et sont les oiseaux aquatiques par excellence. Nous citerons parmi eux les *plongeons*, qui tirent leur nom de la facilité avec laquelle ils plongent, et qui ont le vol assez rapide, quoique peu soutenu ; les *pingouins*, reconnaissables à leur bec très-comprimé latéralement et tranchant sur le dos ; les *manchots* (fig. 140), dont les ailes sont excessivement peu développées, et dont les pieds, situés tout à fait à l'arrière du corps, sont munis d'un talon.

Fig. 140. Manchot.

Les LONGIPENNES, surnommés *grands voiliers*, à cause du développement de leurs ailes, parcourent d'un vol rapide les immensités de l'océan, où ils se reposent parfois en nageant et où ils saisissent au vol les poissons qui viennent à la surface ; ils semblent même se plaire dans les tempêtes. Nous citerons, parmi les genres de cette famille, la *mauve*, genre auquel appartiennent la *mouette* et le *goëland*, oiseaux voraces et criards qui se nourrissent des cadavres de toute espèce flottant à la surface de la mer ; le *sterne* ou *hirondelle de mer*, aux ailes excessivement longues et pointues, qui rase les eaux à la manière des hirondelles et enlève les petits poissons ; le *pétrel* ou *oiseau de tempête* (fig. 141), remarquable par l'audace avec laquelle il brave la fureur des éléments, et par la singulière faculté qu'il a de courir sur les eaux; le *bec-en-ciseaux*, dont la mandibule supérieure

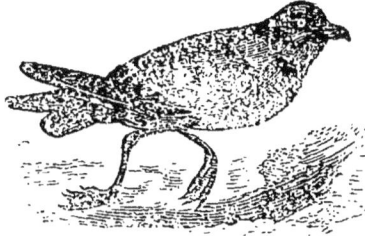

Fig. 141. Pétrel, oiseau de tempête.

est d'un quart plus courte que l'inférieure, toutes deux étant aplaties en lames et se correspondant sans entrer l'une dans l'autre, de sorte que ces oiseaux saisissent le poisson en dessous à l'aide de la mandibule inférieure qui plonge dans l'eau.

Les TOTIPALMES, dont le principal caractère distinctif est la palmure complète de leurs pieds, où le pouce même se trouve compris, ont les ailes très-longues et les pattes très-courtes, ce qui rend très-puissants chez eux le vol et la natation. Ils sont d'une voracité excessive, et, comme les vautours, se gorgent au point de ne plus savoir remuer. Malgré la palmure de leurs pieds, ils peuvent percher sur les arbres, ce qui est dû à la longueur et

Fig. 142. Pélican.

à la flexibilité de leurs doigts. Parmi eux nous citerons le *pélican* (fig. 142), reconnaissable à son bec très-long, à la poche membraneuse qu'il porte sous la mandibule inférieure, et dans laquelle il accumule les poissons qu'il va digérer ensuite sur un arbre ; le *cormoran*, au plumage noir, dont la face et la gorge sont dénudées et la queue arrondie, comme chez le pélican, mais dont le bec, beaucoup plus court et comprimé, porte un fort crochet à son extrémité ; la *frégate*, ainsi nommée à cause de son vol rapide, dû à l'excessive longueur de ses ailes ; le *fou*, qui se laisse enlever par d'autres oiseaux le produit de sa pêche ; l'*anhinga*, au beau plumage, reconnaissable à la longueur démesurée de son cou, ainsi qu'à sa queue large et arrondie.

Les oiseaux de la famille des LAMELLIROSTRES, outre les caractères qu'ils tirent de la forme de leur bec, se distinguent aussi en ce que leur trachée-artère présente ordinairement des renflements ou des circonvolutions qui en augmentent l'étendue, et qui, leur servant de réservoir d'air, leur permet de plonger longtemps, outre qu'elles donnent à leur voix un retentissement particulier qui la fait entendre de très-loin. Leurs tarses sont très-courts et implantés très en arrière, ce qui leur rend la natation très-facile. Leurs ailes n'ont qu'un développement médiocre. Cette famille ne comprend que deux genres : les *canards* et les *harles*.

Les canards, dont les espèces sont très-nombreuses, sont les plus beaux de tous les palmipèdes, et les seuls dont la chair soit bonne à manger. Ils se reconnaissent à leur bec large, revêtu d'une peau molle ; leur gésier est plus musculeux que celui des autres palmipèdes, parce qu'ils se nourrissent à la fois de substances animales et de substances végétales. On les divise en trois sous-genres : les *cygnes*, les *oies* et les *canards* proprement dits.

Le *cygne* (fig. 143), remarquable par sa grande taille et par la majesté de son port, se distingue à la forme de son bec, également large en avant et en arrière, très-

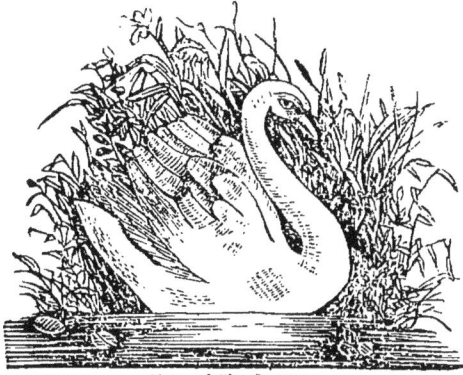

Fig. 143. Cygne.

épais à sa base, et percé par les narines vers le milieu de sa longueur. Son vol est puissant, et ses ailes tellement fortes qu'elles lui servent d'armes contre les oiseaux les plus redoutables. On distingue le *cygne à bec rouge,* dont le plumage est d'un blanc éclatant ; le *cygne à bec noir,* dont la blancheur est légèrement nuancée de jaune, et le *cygne noir* de la Nouvelle-Hollande.

Les *oies* (fig. 144) ont aussi le bec très-épais à sa base, mais plus court. Leurs tarses sont assez longs, aussi marchent-elles plus qu'elles ne nagent. Elles volent en grandes troupes. L'*oie commune* se distingue des autres espèces par son bec

Fig. 144. Oie.

droit et de couleur orange, et par ses ailes qui n'atteignent pas l'extrémité de la queue. Originaire des contrées orientales de l'Europe, elle se montre dans nos climats en automne ; le *cravant* et la *bernache* viennent des contrées les plus septentrionales.

Les *canards* proprement dits se distinguent des oies
et des cygnes, en ce qu'ils ont le bec moins épais que
large à la base. Leur plumage offre de belles nuances
et d'agréables reflets. Ils abondent dans les contrées
boréales, d'où ils nous arrivent par troupes vers le
mois d'octobre, pour retourner au nord aussitôt que
les froids sont finis. Leur multiplication est très-grande,
car ils pondent de dix à quinze ou dix-huit œufs. Le

Fig. 145. Sarcelle.

canard domestique a
pour souche l'espèce
sauvage. On donne le
nom de *sarcelles* (fig.
145) aux canards de
petite taille. Le *moril-
lon* est une espèce dont
le plumage est noir,
sauf sous le ventre, qui est blanc ; il se distingue aussi
par la huppe que porte le mâle, ainsi que par le bec
plus large à l'extrémité qu'à la base. L'*eider*, dont le
duvet est si renommé sous le nom *d'édredon* (*eider-
down*), a le bec plus étroit en avant qu'en arrière.

Les *harles* se distinguent des canards en ce qu'ils ont
le bec plus mince et plus cylindrique, et à ce que les
dents qui en garnissent les bords sont dirigées en
arrière. Ils nagent facilement entre deux eaux, et peuvent soutenir longtemps leur vol, mais leur marche est
difficile. Leur nourriture est entièrement animale,
aussi ont-ils l'estomac moins musculeux que les canards.
Ils se tiennent dans les régions septentrionales, sauf
dans la saison des froids. Leur chair n'est pas bonne à
manger. On ne compte que quelques espèces de harles,
tandis que, comme nous l'avons dit, celles du genre
canard sont extrêmement nombreuses.

XVIIIe LEÇON.

REPTILES. NOTIONS GÉNÉRALES. ORDRE DES CHÉLONIENS.
ORDRE DES SAURIENS.

La classe des *REPTILES* se compose d'animaux vertébrés à sang froid qui n'ont ni poils ni plumes ni
nageoires, ce qui les distingue des mammifères, des
oiseaux et des poissons. Leur respiration se fait par
des poumons à larges vésicules, qui ne reçoivent qu'une
partie du sang envoyé par l'unique ventricule de leur
cœur : cette respiration incomplète explique le peu
de chaleur de leur sang ; de là aussi le peu d'activité de ces animaux, et la possibilité pour eux de vivre
dans des lieux renfermant peu d'air respirable. Leur
peau est nue ou couverte d'écailles, dont la forme et la
disposition varient, et qui tombent annuellement à
l'époque de la mue. Leurs muscles, que le peu de
richesse de leur sang rend pâles, ont cependant beaucoup de force. Leur tête est très-peu mobile sur la
colonne vertébrale ; le cou n'est bien distinct que chez
les tortues ; la poitrine se confond avec l'abdomen chez
les serpents, dont toutes les vertèbres portent des
côtes. Les membres des reptiles sont articulés latéralement, de sorte que ceux mêmes qui ont les pattes
longues rampent sur le ventre ; aussi cette région
a-t-elle généralement des écailles plus épaisses que les
autres parties du corps. Au reste, ces membres sont
conformés comme ceux des mammifères.

Le cerveau des reptiles est très-petit, mais leurs

nerfs sont très-développés. C'est ce qui explique comment certains de ces animaux ont pu vivre assez longtemps sans tête, et comment on voit parfois repousser leurs membres coupés, comment aussi on les voit remuer, ainsi que la queue, longtemps après avoir été séparés du corps. Les organes des sens sont peu développés. La digestion est lente chez les reptiles, mais s'exerce avec activité et ne laisse presque aucun résidu ; leur bouche, largement fendue, présente une mâchoire inférieure fortement portée en arrière ; leurs dents, quand ils en ont, sont coniques et se renouvellent comme celles des poissons ; leur langue est sèche et fibreuse. La génération des reptiles est ordinairement ovipare.

La classe des reptiles se divise en quatre ordres : 1° les CHÉLONIENS, auxquels appartient la tortue (*chéloné*) ; 2° les SAURIENS, dont le lézard (*saurus*) et le crocodile sont des types ; 3° les OPHIDIENS ou serpents (*ophis*), et 4° les BATRACIENS, qui ont pour type la grenouille (*batrachos*).

Les CHÉLONIENS ou tortues sont très-remarquables par la forme de leur squelette, où l'on voit les côtes, soudées entre elles et avec la colonne vertébrale, former au dos une plaque bombée appelée *carapace*, tandis qu'en avant le sternum, très-développé, forme une autre plaque appelée *plastron*, qui s'unit à la carapace par des os intermédiaires, de manière à ne laisser que deux ouvertures, l'une en avant où passent la tête et les membres antérieurs de l'animal, l'autre en arrière pour la queue et les membres postérieurs. Cette disposition rendant leur thorax immobile, oblige leur respiration à s'opérer par un mécanisme tout particulier, qui pousse en quelque sorte l'air dans les poumons

par l'action de la langue, charnue et épaisse. Le plastron et la carapace, recouverts seulement par l'épiderme, sont garnis d'écailles formant des rangées
régulières. Les membres des chéloniens, au nombre
de quatre, sont articulés en dedans de manière à pouvoir s'abriter sous la carapace ; leurs mouvements sont
très-lents. Ils sont conformés en nageoires chez les
espèces aquatiques. La tête, petite et supportée par un
cou très-mobile, est aussi recouverte par des plaques,
et les deux mâchoires sont garnies d'une matière cornée qui les fait ressembler à un bec d'oiseau. Les
œufs de ces reptiles sont gros et couverts d'une coquille
dure ; la femelle les dépose dans le sable, d'où l'on voit
tout à coup sortir les petits lorsque, sous l'influence de
la chaleur solaire, le moment de leur éclosion est venu.

Cet ordre ne forme qu'une seule famille, comprenant cinq genres principaux : les *tortues terrestres,*
les *émydes* ou *tortues d'eau douce,* les *chélydes,* les
trionyx, et les *chélonées* ou *tortues de mer.*

Les *tortues terrestres* (fig. 146) ont la carapace
beaucoup plus forte
et plus bombée que
les espèces aquati-
ques, et l'animal peut
y rentrer les mem-
bres et la tête. Leurs
doigts sont garnis
d'ongles obtus qui

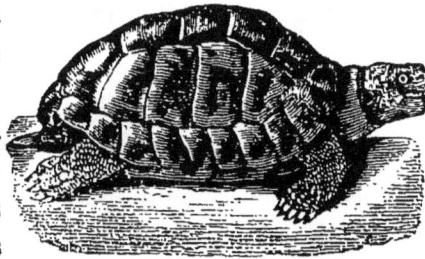

Fig. 146. Tortue terrestre.

leur servent à fouir la terre. On les trouve dans les
pays chauds et tempérés ; dans ces derniers, elles s'engourdissent pendant l'hiver. Leur chair est bonne à
manger, et l'on en fait d'excellent bouillon. Ce genre
comprend plus de vingt espèces.

Les *émydes* ou *tortues d'eau douce* (fig. 147) établissent le passage des espèces terrestres aux espèces aquatiques.

Fig. 147. Tortue d'eau douce.

Leurs écailles sont plus lisses que celles des tortues terrestres; leur cou et leur queue sont plus longs; leurs doigts sont flexibles, armés d'ongles aigus réunis par une membrane. Elles ont les narines placées à l'extrémité du museau, pour pouvoir aisément respirer en nageant. Ce genre comprend environ soixante-dix espèces, plus nombreuses dans le nouveau continent que dans l'ancien. La chair des émydes est moins bonne à manger que celle des tortues terrestres.

Les *chélydes* (fig. 148), appelées aussi *tortues à gueule*, parce que leur bouche est fendue jusqu'auprès des oreilles, ressemblent aux émydes par la forme de

Fig. 148. Chélyde.

leurs pieds et divers autres caractères; mais l'aplatissement de leur carapace et la longueur de leurs membres les rapprochent des *trionyx*. Ces dernières, qui se tiennent toujours dans les grands fleuves et ont les pattes conformées en nageoires, se font remarquer par le cuir qui leur tient lieu d'écaille.

Les *chélonées* ou *tortues marines* se reconnaissent à leur carapace aplatie, à leur queue très-courte, à la longueur de leurs pattes, dont les doigts sont reliés en nageoire, et dont les antérieures sont beaucoup plus développées que celles de derrière. Leur taille est très-grande. Elles vivent en troupes dans les eaux de la mer, dont elles ne sortent qu'au printemps pour déposer leurs œufs, très-nombreux. Parmi les espèces de ce genre, nous citerons la *tortue franche,* dont la carapace est de sept à huit pieds de long, et dont la chair, excellente à manger, peut nourrir cent personnes; le *caret,* espèce plus petite, mais très-renommée par l'écaille de sa carapace; le *luth,* ainsi appelé à cause de la forme que prend sa carapace en se desséchant.

Les SAURIENS ont tous le corps allongé, plus ou moins recouvert d'écailles, et terminé par une queue conique. Ils ont deux ou quatre membres, et leurs doigts sont généralement onguiculés. Leurs dents, longues et coniques, occupent quelquefois non-seulement la mâchoire, mais encore le palais; elles servent à prendre la proie, mais non à la mâcher. Leur peau présente assez souvent des replis. Les sauriens passent l'hiver dans le sein de la terre, où ils s'engourdissent, et, au moment de sortir, ils changent de peau.

C'est à l'ordre des sauriens qu'appartiennent les PALÉOSAURES, espèce détruite dont les naturalistes ont retrouvé la forme en étudiant des ossements fossiles. Cette forme est des plus bizarres, et semble un mélange de celles d'un reptile, d'un poisson et parfois d'un quadrupède. La famille des PALÉOSAURES comprend deux genres : les *ichthyosaures* et les *plésiosaures.* Les familles de sauriens encore existantes sont au nombre de six : 1° les CROCODILIENS, 2° les LACERTIENS, 3° les IGUANIENS, 4° les GECKOTIENS, 5° les CAMÉLÉONIENS et 6° les SCINCOÏDIENS.

Les CROCODILIENS se distinguent à leur grande taille, à leur queue aplatie latéralement et surmontée d'une

crête, à la palmure plus ou moins complète de leurs
pieds, qui ont cinq doigts en avant et quatre en
arrière, dont trois seulement sont onguiculés. Leurs
habitudes sont aquatiques. Leur corps est déprimé et
couvert d'écailles, ainsi que leur tête; leurs arcades
sourcilières sont très-saillantes; leur mâchoire inférieure a son articulation plus en arrière que celle de
la tête avec la colonne vertébrale, ce qui donne à leur
bouche une grande ouverture. Les dents fortes et pointues qui garnissent leurs mâchoires, se remplacent
pendant toute la vie. Ces reptiles redoutables, dont la
taille atteint jusqu'à 25 et 30 pieds, sont d'une agilité
extrême à la nage; mais à terre ils changent difficilement de direction, ce qui permet de leur échapper en
faisant de nombreux zig-zags. Ceux qui vivent entre
les tropiques ne s'engourdissent à aucune époque.

La famille des crocodiliens comprend trois genres :
le *gavial*, qui habite le Gange et se distingue à ses
mâchoires allongées, formant une espèce de bec; le
crocodile (fig. 149), dont l'espèce la plus célèbre habite

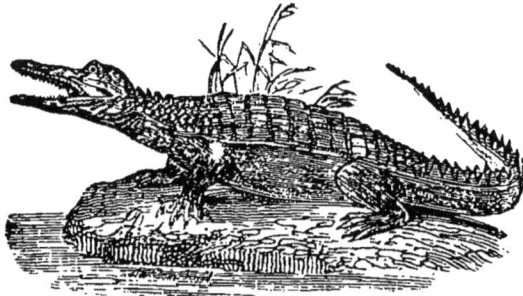

Fig. 149. Crocodile.

le Nil, mais qui appartient aux deux continents, et se
reconnaît à son museau large, déprimé; le *caïman* ou
alligator, au museau large, court et obtus, qui est
propre à l'Amérique et surtout à la Guyane.

Les LACERTIENS, qui tirent leur nom de *lacerta*, *lézard*, se distinguent de la famille précédente en ce que leurs quatre pieds ont chacun cinq doigts, qui sont longs et sans palmure. Ce sont, de tous les reptiles, ceux qui ont les formes les plus élégantes et les couleurs les plus agréables à l'œil. Leurs habitudes sont douces et paisibles. Parmi eux nous remarquons les *lézards* (fig. 150), qui se distinguent par leur taille très-petite, leurs dents implantées à la fois sur les mâchoires et sur le palais, leur queue arrondie, leur agilité, et l'habitude

Fig. 150. Lézard.

Fig. 151. Monitor.

qu'ils ont de rechercher les lieux exposés au soleil. Les *monitors* (fig. 151), qui forment la transition du lézard au crocodile, et dont la taille va jusqu'à dix et douze pieds de longueur, tirent leur nom de ce qu'ils avertissent en quelque sorte de la présence du crocodile, par les sifflements aigus que la frayeur leur fait pousser à son approche.

Les IGUANIENS ressemblent beaucoup aux lacertiens, dont ils ne se distinguent que par l'épaisseur et l'inextensibilité de leur langue. Paisibles comme ces derniers, ils vivent d'insectes, d'œufs d'oiseaux et de tortues. On n'en trouve que dans les contrées très-chaudes et humides; l'Europe n'en possède aucune espèce. Ils se divisent en deux tribus : 1° les *agamiens*, parmi lesquels nous citerons le *dragon* (fig. 152), qui

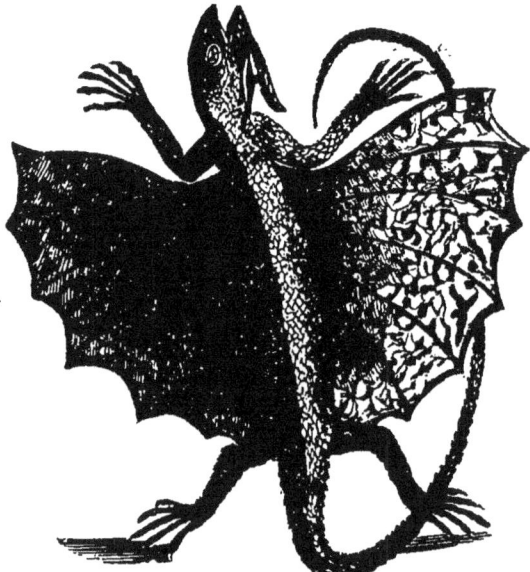

Fig. 152. Dragon.

rappelle l'animal fantastique de ce nom, par les appendices membraneux en forme d'ailes qui garnissent
les côtés du corps et sont soutenus par six des fausses
côtes ; 2° les *iguaniens* proprement dits, remarquables
en ce qu'ils portent souvent des replis de la peau ou
des épines osseuses qui leur donnent une physionomie
étrange, et parmi lesquels nous citerons l'*iguane,* sau-
rien d'assez grande taille, habitant l'Amérique-Méridionale et les Antilles, estimé pour la délicatesse de sa
chair et élevé en domesticité pour cet usage. L'iguane
se laisse prendre, sur les arbres où il se tient, par le
penchant qu'il a pour la musique.

Les GECKOTIENS, qui ne comprennent que le seul
genre *gecko,* se font remarquer par leur laideur, leurs
formes lourdes, leurs mouvements lents et embarrassés. Leur tête et leur tronc sont aplatis ; leur peau est
garnie de tubercules arrondis au lieu d'écailles ; leurs

membres sont courts, et leurs doigts peuvent faire
ventouse, par les replis de peau qu'ils portent, ce qui,
avec leurs ongles aigus, leur permet de s'attacher aux
surfaces polies et de marcher même au plafond. Ils
passent pour venimeux, quoique l'on n'ait guère de
preuves de cette propriété malfaisante.

La famille des CAMÉLÉONIENS ne possède aussi qu'un
seul genre, le *caméléon*, dont on connaît une douzaine
d'espèces. Le caméléon est remarquable par ses chan-
gements de couleur, dus à la plus ou moins grande
quantité d'air qu'il absorbe par un mécanisme particulier de sa bouche, et qui colore son sang dont on
aperçoit les teintes à travers la peau presque transparente. Ses doigts sont opposés entre eux de manière à
saisir fortement les branches des arbres comme une
pince, et sa queue, très-longue, est prenante comme
celle des sapajous. Ses yeux sont mobiles indépendamment l'un de l'autre, ce qui rend son regard plus ou
moins louche.

Les SCINCOÏDIENS, peu remarquables d'ailleurs, sont
intéressants en ce que, par leur forme et par leur
organisation intérieure, ils établissent le passage des
sauriens aux ophidiens. Leurs membres sont trop dis-
tants et trop courts pour servir à leur locomotion.
Parmi les genres de cette famille, nous citerons le
scinque, qui lui donne son nom et qui se rapproche le

Fig. 153. Seps.

plus du lézard; le *seps* (fig. 153), dont les pattes
sont tellement petites et éloignées, le corps tellement

allongé, qu'on le prendrait pour un serpent ; la *chirote* (fig. 154), qui n'a que deux pattes très-courtes et se rapproche encore plus des ophidiens.

Fig. 154. Chirote.

XIXe LEÇON.

SUITE DES REPTILES. ORDRE DES OPHIDIENS. ORDRE DES BATRACIENS.

Les OPHIDIENS ou serpents se distinguent de tous les autres reptiles en ce qu'ils n'ont pas de membres, et en ce que leurs mouvements s'exécutent par la flexion et l'extension de leur colonne vertébrale, dont les vertèbres sont très-mobiles les unes sur les autres. Leur peau est couverte d'écailles ou de tubercules arrondis, comme celle des sauriens ; les écailles qui recouvrent le ventre sont les plus fortes. Leur tête est renflée à l'occiput ; leur gueule est fendue et très-dilatable, ce qui est dû au mode d'articulation lâche des os qui composent leurs mâchoires. Leurs dents, coniques, sont dirigées en arrière ; quelquefois, certaines d'entre elles sont creusées d'un canal ou d'une gouttière communiquant avec une glande qui rend leur morsure venimeuse. La langue des serpents est ordinairement filamenteuse et bifide ; leurs yeux n'ont pas de paupière, ou, s'ils en ont, elle n'a pas de mobilité. Leurs côtes sont très-nombreuses et ils n'ont pas de sternum.

De tous les reptiles, ce sont les plus sujets à l'engour-dissement hivernal dans les pays froids et tempérés, et ils changent de peau au moment où ils sortent de cet état. Leurs mouvements sont très-agiles, tant sur la terre que dans l'eau. Leur génération est généralement ovipare. On les a divisés en deux familles, les HOMODER-MES et les HÉTÉRODERMES, suivant que leur peau est ou non uniforme dans toutes ses parties.

Les ophidiens de la famille des HOMODERMES se rap-prochent des sauriens par quelques caractères, et cer-tains d'entre eux ont des vestiges de membres. Leur bouche est petite et non dilatable, parce que leurs os maxillaires ne sont pas articulés d'une manière mobile; aussi sont-ils inoffensifs et ne se nourrissent-ils que d'insectes. On les divise en *ophisauriens,* qui établis-sent le passage des sauriens aux ophidiens, et *doubles-marcheurs,* ainsi nommés parce qu'ils s'avancent éga-lement du côté de leur tête et du côté de leur queue. Parmi les ophisauriens, on distingue l'*orvet,* joli petit serpent appelé aussi *serpent de verre,* parce que, quand il se sent pris, il se raidit au point de devenir cassant.

Les ophidiens HÉTÉRODERMES forment la famille la plus nombreuse de tous les reptiles. Aucun d'eux n'a de vestiges de membres. Leurs mâchoires sont très-dilatables, et c'est à leur écartement latéral qu'est due la grosseur de l'occiput de ces animaux. C'est à cette fa-mille qu'appartiennent les reptiles les plus redoutables. Les uns n'ont pas de venin, les autres sont venimeux.

Parmi les serpents non venimeux on distingue les *boas* (fig. 155), remarquables par leur taille énorme, par la force musculaire qui leur permet d'écraser leur proie en la serrant dans leurs replis, et les *couleuvres,* plus petites, dont les espèces, très-nombreuses, sont

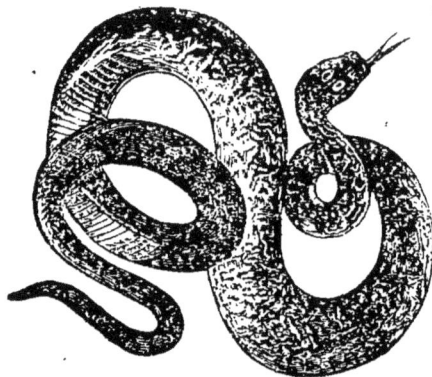

Fig. 155. Boa.

en général inoffen-
sives. La *couleuvre
à collier*, commune
dans les prairies
et dans les eaux dor-
mantes, est souvent
élevée en domesti-
cité et devient très-
familière.

Les serpents ve-
nimeux ne diffèrent
guère des précédents par les formes extérieures ; mais
ils offrent ce caractère important qu'ils possèdent, au-
dessous de l'œil, une glande sécrétant une liqueur qui,
conduite à travers une dent appelée *crochet*, vient
empoisonner la plaie formée par leur morsure. On a
divisé les serpents venimeux en deux tribus, suivant
que la dent à travers laquelle passe le venin est isolée
des autres dents, implantées dans le palais, ou qu'elle
est simplement la première dent maxillaire. Les premiers, qui sont les plus connus, se nomment *serpents
à crochets isolés*. On les désigne sous le nom générique
de *vipères* (abréviation de *vivipare*, parce que leurs
petits viennent au monde vivants), et on les divise en
deux genres : les *vipères* proprement dites, et les *crota-
les* ou *serpents à sonnettes*. Ces derniers se distinguent
à un appareil bruyant qu'ils ont à la queue, et qui se
compose d'une série de cônes emboîtés les uns dans les
autres, faisant entendre un bruit analogue à celui du
parchemin que l'on froisse. Ce genre de serpents,
appartenant à l'Amérique, est le plus dangereux par la
violence de son venin, qui peut tuer en quelques minu-
tes. Quant aux *vipères propres*, on distingue parmi

elles le *naja* ou *serpent à lunettes* (fig. 156), qui porte sur une partie élargie de son cou une tache brune en

Fig. 156. Serpent à lunettes.

forme de lunette, et la *vipère* proprement dite, qui est de petite taille et n'a pas de renflement au cou ; l'*aspic* est une espèce de cette dernière.

Les BATRACIENS n'ont ni carapace ni écailles ; leur peau est enduite d'une humeur visqueuse sécrétée par certaines glandes. Ils n'ont pas de côtes, et leur squelette est plus simple que celui des autres reptiles. Leur tête est aplatie, leur gueule très-fendue, leur cou très-court. Leurs doigts, en général au nombre de quatre en avant et de cinq en arrière, n'ont pas d'ongles, sauf dans un seul genre. Leur voix ou *coassement*, qui n'existe pas toujours, prend chez certaines espèces un grand retentissement, par la communication du larynx avec des espèces de sacs situés de chaque côté du cou.

La génération des batraciens est ovipare ; ils subissent de curieuses métamorphoses depuis leur sortie de l'œuf jusqu'à leur développement complet. Le batracien, à sa sortie de l'œuf, porte le nom de *têtard ;* il a

alors la forme d'un poisson, et respire, comme ce dernier, par des branchies. Puis des pattes se développent,
la queue finit par disparaître, et la respiration devient
aérienne par le développement des poumons. Cette
respiration pulmonaire est assez compliquée, à cause
du défaut de côtes, qui, rendant la poitrine immobile,
oblige l'animal à avaler l'air.

L'ordre des batraciens se divise en quatre familles :
les ANOURES, ainsi nommés parce qu'ils n'ont pas de
queue ; les URODÈLES, qui ont une queue et quatre membres ; les PNEUMOBRANCHES, qui respirent à la fois par
des poumons et par des branchies ; les CÉCILIES, qui
manquent de membres comme les serpents.

Les batraciens de la famille des ANOURES ressemblent
tous beaucoup à la grenouille, qui est leur type. Leur
gueule est très-fendue, leur corps large et déprimé ;
leurs doigts sont plus ou moins palmés en nageoires,
et les pattes de derrière, plus longues que celles de
devant, sont favorables au saut. Pendant leur engour-
dissement hivernal, qu'ils passent enfoncés dans la vase
ou cachés sous la terre, leur respiration peut être
impunément suspendue durant plusieurs mois. Leur
peau, n'adhérant pas aux chairs qu'elle recouvre, peut
être gonflée par de l'air qu'ils absorbent, et qui leur
forme une sorte de plastron supportant des coups qui,
sans cela, les écraseraient.

Chacun connaît les *grenouilles* (fig. 157), si remarquables par leur coassement, par l'agilité de leur saut
et l'aisance de leur natation, par leur forme plus élégante que celle des autres batraciens anoures, et enfin
par les couleurs agréables de leur peau.

Les *rainettes* (fig. 158) diffèrent des grenouilles en
ce qu'elles ont les doigts élargis en forme de disques à

Fig. 157. Grenouille commune. Fig. 158. Rainette.

faire ventouse. Ce sont les plus élégants des batraciens, et elles grimpent aussi facilement qu'elles sautent et nagent.

Les *crapauds* (fig. 159) se reconnaissent à leur corps gros et ventru, à leurs pattes courtes, de longueur à peu près égale, ainsi qu'aux pustules dont leur peau est couverte, et qui produisent une liqueur fétide irritante lorsque l'animal est attaqué. Ce liquide, au reste, n'est pas venimeux.

Les *pipas* (fig. 160) ressemblent aux crapauds, dont

Fig. 159. Crapaud. Fig. 160. Pipa.

ils se distinguent par le grand aplatissement de leur corps, la petitesse de leurs yeux, la division de l'extrémité de leurs doigts en trois ou quatre petites lanières, et l'habitude qu'ils ont de porter leurs œufs sur leur dos, où ils éclosent et où les têtards achèvent leur métamorphose.

Les URODÈLES ressemblent aux lézards par leur corps
allongé et leur longue queue, mais s'en distinguent très-
bien par le défaut d'écailles, par leurs formes lourdes,
leur tête déprimée, leurs pieds ayant quatre doigts en
avant et cinq en arrière, les pustules de leur peau analogues à celles du crapaud, et qui les rendent suspects
quoiqu'ils ne soient pas plus dangereux que lui. Ils
vivent dans la vase, dans les eaux, dans les crevasses
des murs. La famille des urodèles comprend deux
genres, les *salamandres* et les *tritons*.

Les *salamandres* (fig. 161) ont la queue arrondie, et
se tiennent à terre dans un trou, sauf lorsqu'elles déposent leurs œufs.
On leur attribuait
la propriété de
résister au feu, à
cause de l'abon-
dante humeur fé-

Fig. 161. Salamandre terrestre.

tide que leur peau sécrète lorsqu'on les attaque. Ce
sont des animaux faibles et inoffensifs, quoique le
vulgaire les croie dangereux. Les *tritons*, appelés aussi
*salamandres aquati-
ques* (fig. 162), ont
la queue aplatie laté-
ralement, et se tien-
nent continuelle-
ment dans les eaux.

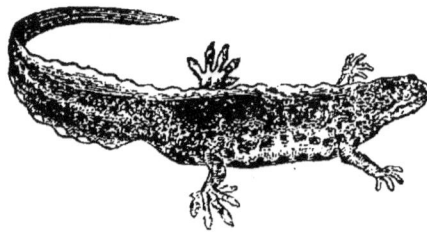

Fig. 162. Salamandre aquatique.

Ce sont, parmi les
reptiles, ceux dont les membres se reproduisent le plus
facilement; on voit même, chez eux, l'œil se reproduire après avoir été détruit.

Les PNEUMOBRANCHES sont curieux en ce qu'ils respirent à la fois par des poumons et par des branchies,

ce qui en fait des animaux *amphibies* dans toute la force du terme. Ils se divisent en trois genres : les *axolots* (fig. 163), qui ressemblent à des tritons dont les branchies se seraient conser-
vées à leur der-
nière métamor-
phose ; les *pro-*

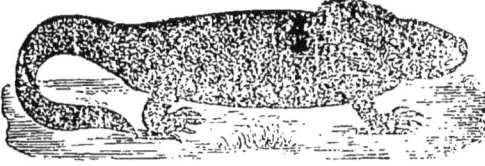

Fig. 163. Axolot.

tées, qui vivent dans des lacs souterrains et ont l'organe de la vue peu développé ; les *sirènes,* qui, privées de pattes en arrière et n'ayant que des pattes antérieures très-courtes, ressemblent plus aux poissons qu'aux reptiles.

La famille des CÉCILIES ne comprend qu'un seul genre, qui ressemble aux serpents par le défaut de membres, mais s'en distingue par l'absence d'écailles et par divers autres caractères propres à l'ordre des batraciens.

XXe LEÇON.

CLASSE DES POISSONS. NOTIONS GÉNÉRALES. POISSONS OSSEUX. ACANTHOPTÉRYGIENS.

Destinés à vivre dans l'eau, les poissons ont un corps en général allongé et plus large au milieu qu'aux extrémités, terminé en avant par une tête pointue, en arrière par une queue large et comprimée que meuvent des muscles vigoureux, et leurs membres sont conformés en nageoires : toutes conditions favorables au mouvement dans ce liquide. Leur peau est recouverte d'un enduit visqueux qui les préserve des atteintes de l'humidité.

La petite quantité d'air contenue dans l'eau suffit à leur respiration, qui s'opère par des *branchies*, replis membraneux dans lesquels les vaisseaux sanguins se ramifient, comme dans les poumons, pour recevoir l'impression de ce fluide vivifiant. Ces replis, en forme de franges ou de houppes, sont soutenus par des arcs osseux situés des deux côtés de la région du cou et s'attachant, en avant, à l'os hyoïde, qui, comme nous le savons, se trouve à la base de la langue; ces arcs sont appelés *arcs branchiaux*. Une membrane protectrice appelée *membrane branchiostége*, s'attachant à des arcs osseux du même nom, les recouvre, et tout cet appareil est ordinairement protégé, en outre, par une plaque osseuse nommée *opercule*, qui s'articule avec la joue par l'intermédiaire d'une autre pièce appelée *préopercule*. L'eau avalée continuellement par la bouche s'échappe par des ouvertures appelées *ouïes*, en traversant les branchies.

Le sang des poissons est rouge et froid. Le cœur ne sert qu'à recevoir le sang qui a nourri les différentes parties du corps, et à l'envoyer aux branchies. Lorsque ce sang est vivifié par la transpiration, il se rend dans une grosse artère située sous l'épine du dos et appelée *vaisseau dorsal*, qui l'envoie aux organes et remplit, par conséquent, la fonction du cœur gauche.

Les vertèbres des poissons se font remarquer par la longueur de leur apophyse épineuse, par la cavité conique que présente, des deux côtés, leur corps, et par la mobilité de leur articulation. Celles de la queue ne supportent pas de côtes, mais ont deux apophyses épineuses, l'une en dessus, l'autre en dessous. Quant aux côtes, elles sont fort grêles, et ordinairement flottantes.

Le squelette des nageoires est principalement composé des parties correspondantes aux doigts, et qui sont appelées *rayons*. Ces rayons sont dits *épineux*, lorsqu'ils sont formés d'un seul os ; *articulés*, lorsqu'ils se composent de plusieurs pièces. Chacun d'eux est mû par six muscles, qui assurent ainsi le mouvement de la nageoire dans toutes les directions.

Le nombre des nageoires varie suivant les espèces. Certains poissons n'en ont pas, d'autres n'en ont que deux ; le plus souvent il y en a quatre. Celles qui sont situées près des branchies sont appelées *pectorales;* les deux autres, appelées *ventrales,* sont situées tantôt en arrière sous l'abdomen, tantôt sous les nageoires pectorales ou même en avant de celles-ci.

Indépendamment des nageoires pectorales et ventrales, qui sont toujours disposées par paires, les poissons ont ordinairement d'autres nageoires situées sur la ligne médiane. On appelle *dorsale,* la nageoire qui est située sur le dos et s'articule avec la colonne vertébrale; *anale,* celle qui se trouve entre l'anus et la queue; *caudale,* celle qui s'articule avec la dernière vertèbre et termine la queue : cette dernière nageoire est toujours formée de rayons articulés.

Pour faciliter leurs mouvements, un grand nombre de poissons possèdent un organe appelé *vessie natatoire,* réservoir d'air qu'ils dilatent ou compriment à volonté afin de se rendre plus ou moins légers, et de monter ou de descendre dans l'eau. Ceux qui habitent les régions inférieures des mers n'on ont pas.

Les poissons sont très-voraces et en général carnivores. Leur bouche est largement fendue et pourvue de dents très-nombreuses faisant corps avec les os, et que l'on trouve non-seulement sur les mâchoires mais encore sur le palais et même sur la langue. Ordinairement elles sont pointues et crochues ; mais quelquefois elles sont courtes et serrées, de manière à présenter une surface veloutée par leur ensemble. L'intestin des poissons est court, et leur fonction digestive a beaucoup d'activité. Leur cerveau est très-peu développé, aussi sont-ils fort stupides. Ils se multiplient par des œufs, dont le nombre est ordinairement de plusieurs milliers, et que la femelle dépose au hasard ; c'est ce qu'on appelle le *frai*. Le petit poisson sorti de l'œuf se développe avec une rapidité remarquable dans les premières heures de son existence.

La classe des poissons se partage en deux sous-classes : ceux dont le squelette est osseux, ou *ostéoptérygiens* (*ostéon*, os ; *ptéryx*, aile, nageoire), qui sont les plus nombreux, et ceux dont le squelette est cartilagineux, ou *chondroptérygiens* (*chondros, cartilage*).

Les poissons à squelette osseux se divisent en six ordres : 1° les ACANTHOPTÉRYGIENS, dont la nageoire dorsale est soutenue par des rayons épineux (*acanthos, épine*); 2°, 3° et 4° les MALACOPTÉRYGIENS ABDOMINAUX, SUBBRACHIENS et APODES, dont la dorsale offre des rayons articulés qui la rendent plus molle (*malacos, mou*); 5° les LOPHOBRANCHES, dont les branchies sont en forme de houppes (*lophos*), et 6° les PLECTOGNATHES, dont la mâchoire supérieure est soudée au crâne (*plectos, noué,* et *gnathos, mâchoire*), tandis qu'elle est mobile chez les précédents.

L'ordre des ACANTHOPTÉRYGIENS est le plus nombreux. Les poissons qu'il comprend ont un système dentaire robuste et sont très-voraces ; mais leur régime varie, ainsi que la disposition de leurs dents. On les divise en quinze familles, parmi lesquelles nous citerons particulièrement les PERCOÏDES, les TRIGLOÏDES, les SCOM-BÉROÏDES, les STREPSIBRANCHES, les GOBIOÏDES, les LOPHIOÏ-DES et les LABROÏDES.

Les PERCOÏDES ont le corps oblong, couvert d'écailles dures et rudes au toucher, et l'opercule ou le préoper-cule dentelé ou épineux. Ils comprennent un grand nombre d'espèces d'eau douce ou de mer, remarquables en général par l'excellence de leur chair et par leurs belles couleurs. Cette famille nous offre quatre genres principaux : les *perches* (fig. 164), poisson d'eau douce caractérisé par la posi-tion de ses nageoires ventrales sous les pec-torales, ses dents en velours et sa double dorsale ; les *serrans*,

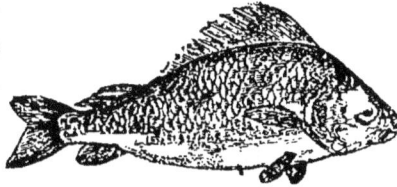

Fig. 164. Perche.

appelés aussi *perches de mer*, qui habitent les régions tropicales et n'ont qu'une dorsale unique ; les *vives*, ainsi nommées parce qu'elles sont très-vivaces, recon-naissables aux épines aiguës et dangereuses que pré-sentent leur dorsale et leurs opercules ; les *mulles*, tou-jours de couleur rouge, dont les ventrales sont à l'ar-rière du corps, et qui portent deux longs barbillons à l'extrémité de leur mâchoire inférieure. C'est à ce dernier genre qu'appartiennent le *surmulet* et le *vrai rouget*.

Les poissons de la famille des TRIGLOÏDES ont en général une physionomie bizarre qui les ferait juger très-différents de la famille précédente, si leur confor-mation intérieure ne les en rapprochait étroitement, physionomie qui leur a valu les noms de *crapauds*, de *scorpions*, de *chauves-souris de mer*. La plupart font entendre un grognement lorsqu'on les tire de l'eau. Cette famille comprend trois principaux genres : les *trigles*, les *dactyloptères* et les *épinoches*. Les *trigles* (fig. 165), et surtout les *dactyloptères* (*dactylos, doigt ; pteron, aile*), se font remarquer par le grand développement de leurs nageoires pectorales qui, semblables à des ailes de

Fig. 165. Trigle.

chauve-souris, leur permettent de s'élever assez haut dans l'air et de s'y soutenir assez longtemps ; de là, les noms de *poissons-volants* et d'*hirondelles de mer* qui leur ont été donnés. Nous citerons parmi les trigles le *rouget commun* ; parmi les dactyloptères, l'*aronde* et le *pirabèbe*. Quant aux *épinoches* (fig. 166), qui tirent leur nom des épines de leur nageoire dorsale, ils ont la tête conformée comme celle des autres poissons ; les os de leur

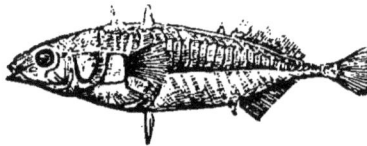

Fig. 166. Epinoche.

bassin, s'unissant à ceux de leur épaule, forment un bouclier solide au-devant de leur abdomen. Ils sont en général de petite taille ; l'*épinochette* et l'*épinoche ordinaire*, le plus petit de nos poissons d'Europe, ont à peine un pouce de longueur. La plupart des épinoches habitent les eaux douces, tandis que les deux genres précédents habitent les mers.

Mentionnons ici, en passant, la famille des SCIÉNOÏDES, ayant pour type la *sciène*, autrefois très-renommée sur les tables ; celles des SPAROÏDES, beaux et bons poissons, parmi lesquels on trouve la *daurade ;* celle des SQUAMMIPENNES, aux nageoires écailleuses, poissons des mers équatoriales qui se font remarquer par la magnificence de leur parure et la singularité de leurs formes. C'est à cette dernière famille qu'appartiennent les *archers,* ainsi nommés à cause de l'adresse avec laquelle ils lancent aux insectes une goutte d'eau pour les faire tomber.

Les SCOMBÉROÏDES forment une famille très-grande, dont toutes les espèces habitent les profondeurs de la mer, d'où elles viennent vers les rivages et parfois même dans les fleuves, à l'époque où elles déposent leur frai. Cette famille tire son nom du genre *scombre,* qui comprend le *thon* et le *maquereau,* dont la pêche est si importante.

Les poissons du genre *scombre* sont faciles à reconnaître en ce qu'ils ont deux nageoires dorsales, dont l'antérieure est entière tandis que les derniers rayons de la postérieure, de même que les rayons correspondants de la na-geoire anale, sont séparés les uns des autres. Le *maquereau* (fig. 167) se distingue du *thon* (fig. 168) en ce qu'il n'a que cinq de ces rayons détachés, tandis que le thon

Fig. 167. Maquereau.

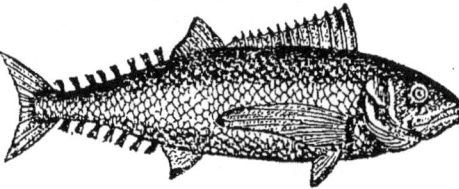

Fig. 168. Thon.

en a huit ou neuf. Le thon, qui pèse jusqu'à plusieurs centaines de livres, se pêche dans la Méditerranée ; le maquereau, dans l'Océan.

Nous citerons encore, parmi les scombéroïdes, les *espadons,* poissons dont la taille va jusqu'à six ou sept mètres, et dont la mâchoire supérieure se termine par un prolongement osseux en forme d'épée, constituant une arme redoutable à l'aide de laquelle ils combattent les plus gros cétacés; les *centronotes,* qui tirent leur nom des épines libres qui remplacent leur première dorsale comme chez les épinoches, et parmi lesquels on distingue le *pilote* (fig. 169),

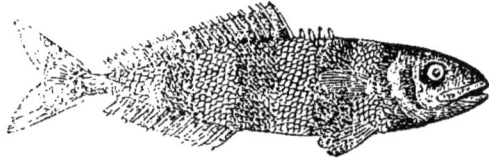

Fig. 169. Pilote.

ainsi nommé parce qu'il semble conduire le requin à la suite des navires ; les *dorées,* au corps comprimé et court, dont la chair est excellente à manger.

Mentionnons encore en passant la famille des TÉNIOÏ-DES, qui tranche avec les autres familles par la forme allongée et comme rubanée des poissons qu'elle comprend, et celle des STREPSIBRANCHES (*branchies contournées*), remarquables par les cellules qui avoisinent leurs branchies et qui, contenant une provision d'eau, leur permettent de séjourner à terre assez longtemps. L'*anabas,* qui appartient à la famille des strepsibranches, tire son nom de la faculté qu'il a de grimper à quelques pieds de haut sur les arbres, en s'accrochant à l'écorce par les épines de son opercule.

Les GOBIOÏDES, de même que les strepsibranches dont ils se rapprochent encore par d'autres caractères, peuvent vivre longtemps hors de l'eau, parce que l'ouverture de leurs ouïes est petite et qu'elles conservent longtemps ce liquide dans leur intérieur. Seuls parmi les acanthoptérygiens ils produisent des petits vivants, pour lesquels ils ont beaucoup de sollicitude. Leur chair est peu agréable; leur peau, extrêmement gluante, sert à faire de la colle pour les vins. C'est à cette famille qu'appartiennent les *anarrhriques* ou *loups de mer*, dont la taille va jusqu'à trois mètres, et qui sont remarquables par la puissance de leur système dentaire et leurs habitudes carnassières.

Les LOPHIOÏDES, remarquables par leurs formes étranges et effrayantes, ont la gueule énormément fendue et garnie de barbillons, la tête hérissée d'épines et les yeux situés à sa partie supé-rieure, le corps

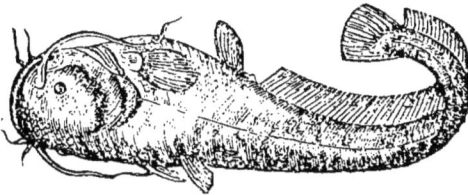

Fig. 170. Baudroie.

court, large et aplati, les nageoires pectorales suppor-tées par des espèces de bras. Cette famille a pour type la *baudroie*, *lophius* (fig. 170), qui a quatre ou cinq pieds de long, et que sa laideur a fait appeler *diable de mer*.

Les LABROÏDES tirent leur nom de leurs lèvres, char-nues et souvent extensibles, de manière à pouvoir s'al-longer en un tube par lequel ils lancent l'eau sur les insectes pour les faire tomber et les prendre. Ils ont le corps oblong, couvert d'écailles, et une seule dorsale

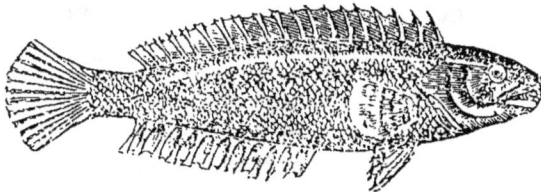

Fig. 171. Labre.

dont les piquants sont garnis, à leur base, d'un lam-beau membraneux. Parmi ces poissons, remarquables par leur éclat, on distingue les *labres* (fig. 171), appelés vulgairement *vieilles de mer* parce que la mobilité de leurs lèvres laisse voir leurs dents.

―――――――――――――――

XXIᵉ LEÇON.

SUITE DES POISSONS. MALACOPTÉRYGIENS ABDOMINAUX, SUB-
BRACHIENS ET APODES; LOPHOBRANCHES, PLECTOGNATHES.

Ainsi que nous l'avons dit, on donne le nom de *malacoptérygiens* à ceux d'entre les poissons à squelette osseux chez lesquels les rayons qui soutiennent la nageoire dorsale ou anale, au lieu d'être d'une seule pièce osseuse longue et grêle, sont mous, flexibles et se composent de plusieurs os articulés. Les malacoptérygiens forment trois ordres : MALACOPTÉRYGIENS ABDOMINAUX, dont les nageoires ventrales sont placées en arrière; MALACOPTÉRYGIENS SUBBRACHIENS, qui les ont situées sous les pectorales; MALACOPTÉRYGIENS APODES, qui n'ont pas de nageoires ventrales.

L'ordre des MALACOPTÉRYGIENS ABDOMINAUX est le plus nombreux des trois. Il comprend cinq familles, qui toutes nous fournissent des poissons estimés : ce sont les CYPRINOÏDES, les ÉSOCES, les SILUROÏDES, les SALMONÉS et les CLUPOÏDES.

Les CYPRINOÏDES, qui ont pour type la *carpe (cypris)*, ont la bouche peu fendue et placée à l'extrémité du museau, et le plus souvent n'ont de dents qu'à l'arrière-bouche. Leurs nageoires dorsale et anale sont soutenues par des rayons dans toute leur étendue. Ils habitent presque toutes les eaux douces, et se contentent, pour la plupart, de matières végétales, quoiqu'ils soient très-voraces. Ils se divisent en deux genres principaux : les *cyprins* et les *loches.*

Le genre *cyprin* est reconnaissable à la forme ovale et comprimée du corps, ainsi qu'à ses écailles régulièrement disposées. Très-nombreux, il comprend la *carpe* (fig. 172), si renommée par la délicatesse de sa chair, et dont le *cyprin doré* ou *daurade de la Chine* est une espèce ; le *barbeau,* dont le museau plus allongé présente quatre barbillons,

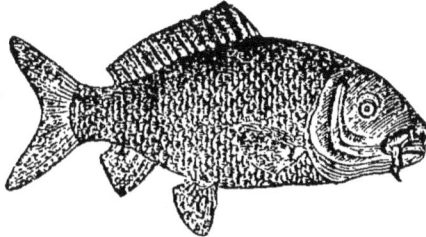

Fig. 172. Carpe.

tandis que la carpe n'en a que deux ; le *goujon,* petit poisson dont la chair est excellente ; la *tanche,* qui ressemble au goujon mais est beaucoup plus grande et a des écailles plus petites ; l'*able,* appelé vulgairement *poisson blanc,* qui pullule dans nos rivières, et dont les écailles argentées, dissoutes dans l'eau gommée et introduites dans des globules de verre, servent à faire des perles artificielles.

Le genre *loche* est peu nombreux. Il se distingue par ses formes allongées, sa peau gluante et l'habitude de se tenir dans la vase au fond de l'eau. La *loche franche,* qui vit dans nos petites rivières, est d'un goût délicat.

Les ÉSOCES, qui ont pour type le *brochet, esox* (fig. 173), se distinguent des cyprins par leurs habitu-

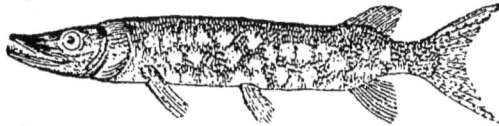

Fig. 173. Brochet.

des carnassières, leur bouche largement fendue, armée

de dents fortes et crochues, leur museau déprimé, leur corps allongé et très-musculeux en arrière, ce qui les rend très-agiles à la nage. Ils s'attaquent surtout aux carpes, dont ils répriment l'extrême fécondité.

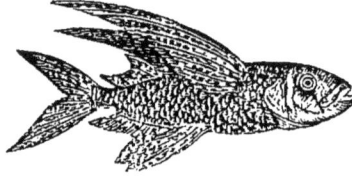

Fig. 174. Exocet.

C'est aussi à cette famille qu'appartient l'*exocet* (fig. 174), remarquable par le développement en ailes de ses nageoires pectorales, qui lui permet de se tenir quelques instants au-dessus de l'eau, et lui a valu, comme aux trigles, le nom de *poisson-volant*.

Les SILUROÏDES ont le corps privé d'écailles, ou couvert seulement, en certains endroits, de grandes plaques osseuses; la tête large et déprimée, la bouche placée à l'extrémité du museau et ordinairement garnie de barbillons. Leur nageoire dorsale présente le plus souvent une forte épine en avant, et, en arrière, ne consiste qu'en une espèce de sac membraneux et rempli de graisse (*dorsale adipeuse*). Leur peau est visqueuse et gluante, disposition qui répond à leur habitude de se tenir dans la vase. Parmi les poissons de cette famille, on distingue le *silure*, le plus grand des pois-

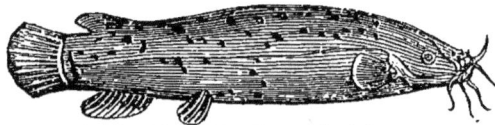

Fig. 175. Malaptérure électrique.

sons d'eau douce d'Europe, qui pèse communément cent livres et parfois beaucoup plus, et le *malaptérure*, dont une espèce (fig. 175), commune dans le Nil, est douée de propriétés électriques comme le gymnote et la torpille.

Les SALMONÉS, famille nombreuse qui a pour type le saumon (*salmo*), se reconnaissent à leur forme élégante, à leurs écailles régulièrement disposées, à leurs deux dorsales dont la seconde est adipeuse. Ils remontent les fleuves à l'époque du frai. Leur chair est excellente. Nous citerons parmi eux les *saumons* et les *éperlans*.

Les *saumons* ou *truites* (fig. 176) se font remarquer par leur système dentaire très-complet, qui, joint à une grande agilité, seconde leurs habitudes carnassières. Ils ont la première

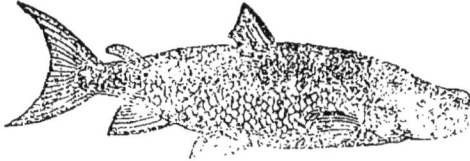

Fig. 176. Saumon.

dorsale située en avant des ventrales. Le nom de *saumon* est donné aux plus grandes espèces, qui ont la chair rougeâtre et vivent dans la mer ; celui de *truite*, aux espèces plus petites qui ont la chair plus blanche et vivent dans les eaux douces. Le saumon vit en troupes considérables dans la plupart des mers tempérées ou froides. La *truite du lac de Genève* est aussi grande que le saumon ; la *truite saumonée*, plus petite, habite les mers du nord comme le saumon, auquel elle ressemble par la couleur rougeâtre de sa chair. La *truite commune*, plus petite encore, habite les ruisseaux d'eau vive et rapide.

Les *éperlans* doivent leur nom à la transparence de leur peau, dont les reflets ressemblent à ceux des perles. Ils ont, comme les truites, une chair très-délicate.

Les CLUPOÏDES, qui ont pour type le *hareng* (*clupea*), se font remarquer par leur immense fécondité, qui donne lieu à une pêche des plus fructueuses. Ils ont la tête comprimée, la peau couverte d'écailles, et l'ouverture très-grande de leurs ouïes, amenant le prompt dessèchement de leurs branchies dès qu'on les retire de l'eau, empêche qu'ils ne puissent vivre hors de cet élément. Les principaux genres de cette famille sont les *harengs*, les *aloses* et les *anchois*.

Les *harengs* (fig. 177) se distinguent par leur bouche médiocre et leur mâchoire supérieure entière. La

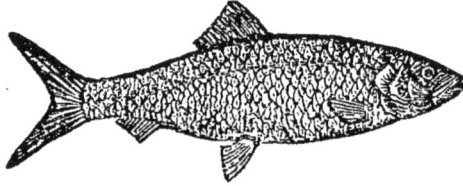

Fig. 177. Hareng.

sardine est une espèce de hareng de petite taille. Les *aloses* ressemblent beaucoup aux harengs, mais sont plus grandes, ont la tête petite et la bouche assez large, la mâchoire supérieure échancrée et les dents moins fortes. Les *anchois* ont la tête fendue jusqu'au-delà des yeux, et les ouïes encore plus ouvertes que celles des harengs.

L'ordre des MALACOPTÉRYGIENS SUBBRACHIENS ne se compose que de poissons de mer, intéressants par leur utilité, et parmi lesquels on remarque la morue et le turbot. On le divise en quatre petites familles : les GADOÏDES, les PLEURONECTES, les DISCOBOLES et les ÉCHÉNÉÏS.

Les GADOÏDES ne forment qu'un seul genre, les *gades*, dont les plus intéressants sont la *morue* (fig. 178) et

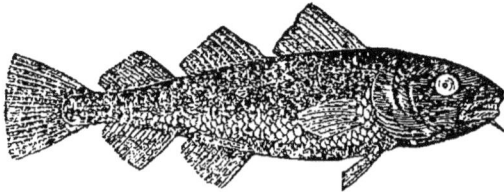

Fig. 178. Morue.

le *merlan*. Les gades ont le corps allongé, presque cylindrique et couvert d'écailles petites et molles, la tête grande, et presque toujours deux anales et deux ou trois dorsales ; ce sont les poissons qui ont le plus de nageoires. La *morue*, comme le merlan, a trois dorsales ; mais elle est de plus grande taille et a des barbillons, tandis que le merlan n'en a pas. La morue ordinaire ou *cabeliau* est d'une abondance extrême et donne lieu à une pêche célèbre. La *lotte* appartient également au genre gade.

Les PLEURONECTES, dont le nom signifie *nager sur le côté*, ont une conformation des plus singulières. Leurs yeux sont placés d'un même côté de la tête ; leur bouche est fendue obliquement ; leurs nageoires impaires ne sont pas situées sur la ligne médiane; leurs pectorales, quand ils en ont, ne sont pas égales, et l'une est au-dessus, l'autre au-dessous du corps, qui est plat et dont l'un des côtés est plus coloré que l'autre. Ils se tiennent habituellement cachés dans la vase au fond des eaux pour surprendre leur proie. C'est à cette famille qu'appartiennent la *plie* ou *carrelet*, la *limande*, le *turbot*, la *sole*.

Les DISCOBOLES ont les ventrales réunies et développées en un disque qui leur permet de s'attacher aux différents corps. Les ÉCHÉNÉIS (fig. 179) ont un caractère unique dans toute la classe des poissons : c'est un disque aplati à la partie

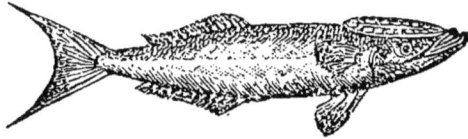

Fig. 179. Échénéis.

supérieure du crâne, et par lequel ils peuvent s'attacher aux corps comme par une ventouse; on les trouve souvent en grand nombre attachés aux vaisseaux, et c'est de là que vient leur nom.

L'ordre des MALACOPTÉRYGIENS APODES, facile à distinguer au défaut de nageoires ventrales, ne comprend qu'une famille, les ANGUILLIFORMES, remarquables par leur ressemblance avec les serpents. L'*anguille* et le *gymnote* appartiennent à cette famille.

L'*anguille* se distingue du gymnote par la présence d'une nageoire dorsale. Parmi ses espèces, nous citerons l'*anguille d'eau douce*, si connue sur nos tables ; le *congre*, poisson de mer de très-grande taille et très-redoutable ; la *murène* (fig. 180), moins grande que le congre mais non moins féroce, célèbre chez les anciens Romains.

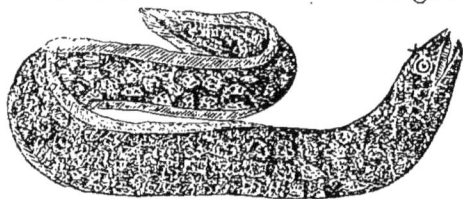

Fig. 180. Murène.

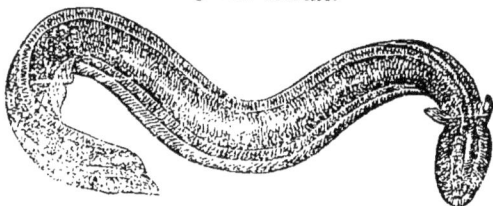

Fig. 181. Gymnote.

Le *gymnote* (fig. 181) est un poisson propre aux eaux douces du nouveau continent ; l'espèce la plus remarquable est le *gymnote ou anguille électrique,* dont la longue queue possède un appareil capable d'engourdir et même de tuer les animaux qui en approchent.

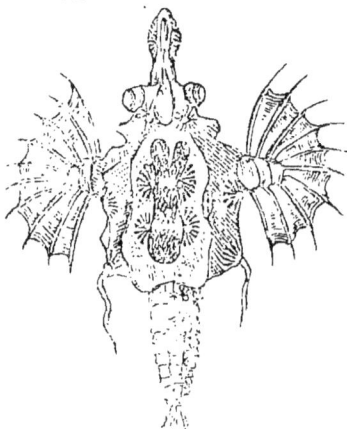

Fig. 182. Pégase.

L'ordre des LOPHO-BRANCHES a les branchies en forme de houppes disposées par paires le long des arcs branchiaux, et protégées par un large opercule. Leur corps, de forme bizarre, est recouvert de plaques osseuses ; leur bouche étroite n'admet que des insectes et des vers. On les divise en deux genres : les *syngnathes* et les *pégases*. Ces derniers ont les pectorales développées en ailes, ce qui leur a valu leur nom (fig. 182).

L'ordre des PLECTOGNATHES tire son nom de ce que les poissons qu'il comprend ont la mâchoire fixe. Leur squelette est plus simple que celui des ordres précédents, et leurs os ont plus de consistance. Leur corps est de forme bizarre, ordinairement sphérique ou ovale, couvert de pièces dures et solides qui les mettent à l'abri des attaques, quoique peu carnassiers. Cet ordre ne comprend que deux familles, les GYMNO-DONTES et les SCLÉRODERMES.

Les GYMNODONTES se divisent en deux genres : les *orbes*, ainsi nommés parce que leur corps se gonfle comme un ballon quand on les attaque, et les *môles*, dont une espèce est appelée *poisson-lune*, parce que son corps, arrondi et phosphorescent, imite, lorsqu'il est à la surface de la mer, la réverbération de la lune dans les eaux.

Les SCLÉRODERMES tirent leur nom de la rugosité de leur peau, couverte de plaques dures et osseuses qui les rendent presque invulnérables. Leur bouche étroite, placée à l'extrémité d'un museau conique, ressemble à celle des fourmiliers. On compte dans cette famille deux genres : les *balistes*, qui tirent leur nom de la rapidité avec laquelle ils redressent, pour se défendre, une épine forte et dentée qu'ils tiennent cachée dans une rainure sur le dos ; les *ostracions*, ainsi nommés à cause de leur test dur et solide, comparé à l'écaille d'huître.

XXIIᵉ LEÇON.

POISSONS CARTILAGINEUX OU CHONDROPTÉRYGIENS.

Les chondroptérygiens ne se distinguent pas seulement à la nature cartilagineuse de leur squelette, mais encore en ce que ce squelette est plus simple que chez les poissons osseux. Leurs vertèbres ont le corps percé de part en part, de manière à former, en avant du canal destiné à la moelle, un second canal rempli d'une substance gélatineuse. Dans certaines espèces, la colonne vertébrale est tellement molle, qu'elle se laisse déprimer. Ils ont, pour la plupart, la peau nue et visqueuse ; quelquefois elle est couverte de plaques dures et osseuses, jamais de véritables écailles. Presque tous sont vivipares. Les chondroptérygiens, beaucoup moins nombreux que les ostéoptérygiens, se divisent en deux ordres : les STURIONIENS, ou CHONDROPTÉRYGIENS A BRANCHIES LIBRES, et les CHONDROPTÉRYGIENS A BRANCHIES FIXES.

Les CHONDROPTÉRYGIENS A BRANCHIES LIBRES ne comprennent qu'une seule famille, les STURIONIENS (*sturio, esturgeon*), qui se distinguent des autres chondroptérygiens à ce que leurs branchies, comme chez les poissons osseux, sont libres et sans adhérence avec la peau, et munies d'un opercule. On les reconnaît à leur bouche petite, dépourvue de dents et placée au-dessous du museau (fig. 183), aux barbillons que portent leurs mâchoires, aux plaques dures et disposées par séries longitudinales qui garnissent supérieurement

Fig. 183. Esturgeon.

leur corps, de forme allongée. Ils ont derrière chaque
tempe un trou qui est un évent, communiquant avec
les branchies. Quoique ce soient des poissons de la
plus grande taille, ils ne se nourrissent que de vers et
de petits poissons, ce qui s'explique par la petitesse de
leur bouche et le peu de développement de leur système
dentaire. Comme les saumons, ils passent l'hiver dans
les profondeurs de la mer, se rapprochant du rivage et
entrant dans les fleuves à la belle saison pour déposer
leur frai. On les trouve alors dans presque toutes les
grandes rivières de l'Europe et de l'Amérique. Leur
chair, excellente, ressemble à celle du veau, et leur
vessie natatoire donne la meilleure colle de poisson. On
prépare avec leurs œufs un mets très-recherché appelé
caviar. L'esturgeon le plus estimé est le *sterlet* ou *petit
esturgeon*, qui n'a que deux pieds environ de longueur.
L'*esturgeon commun*, qui est long de six ou sept pieds,
ne se trouve que dans la mer Noire ou dans la Cas-
pienne et dans les fleuves qui s'y jettent. Le *hausen* ou
grand esturgeon, qui atteint une taille double mais
est beaucoup moins estimé, se distingue de l'esturgeon
commun en ce que son museau et ses barbillons sont
plus courts.

A côté des esturgeons nous trouvons les *chimères*,
qui se rapprochent des squales par la conformation

conique de leur corps et par la position de leurs
nageoires, mais s'en distinguent par les caractères de
leur bouche et de leurs branchies.

Dans les CHONDROPTÉRYGIENS A BRANCHIES
FIXES, les lames branchiales, adhérentes à l'intérieur
aux arcs branchiaux, adhèrent, à l'extérieur, à la peau,
de sorte que l'eau sort par autant d'ouvertures qu'il y
a d'arcs. On divise cet ordre en deux familles : les
PLAGIOSTOMES, auxquels appartient le requin, et les
SUCEURS OU CYCLOSTOMES, dont la lamproie est le type.

Les PLAGIOSTOMES, poissons dont les uns sont de
forme arrondie et conique, les autres de forme aplatie
et rhomboïdale ou ovalaire, se distinguent principalement à leur bouche placée transversalement sous leur
museau ; cette bouche est armée de dents ordinairement fortes et redoutables. Ils ont des nageoires pectorales en avant, et des ventrales en arrière. La plupart
sont ovipares. On trouve parmi eux les poissons les
plus gros et les plus féroces. Cette famille se divise en
deux tribus : les *sélachides* et les *batides*.

Les *sélachides* sont des poissons de grande taille,
remarquables par leur force, leur agilité et la puissance de leur système dentaire, qui leur permet de

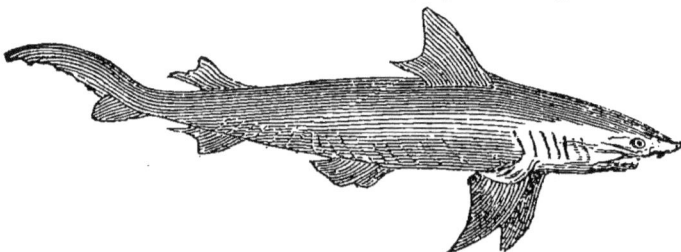

Fig. 184. Requin.

lutter contre les plus redoutables habitants des mers.
Le genre le plus remarquable de cette famille est le
genre *squale,* auquel appartient le *requin* (fig. 184),

reconnaissable à sa mâchoire supérieure saillante au-
dessus de sa large gueule, armée de dents tranchantes
et dentelées en scie. Le requin, qui atteint quelquefois
une longueur de vingt-cinq pieds, est renommé par sa
férocité et sa force, qui en font le tyran des mers et le
plus dangereux des poissons. Sa chair est bonne à
manger quand il est jeune. Les *milandres*, non moins
féroces mais plus petits, diffèrent des requins en ce
qu'ils ont des évents à la tête tandis que ceux-ci n'en
ont pas. Les *pèlerins*, dont le nom scientifique est *séla-
ché*, ont donné leur nom à la tribu. Les *roussettes*,
appelées aussi *chiens de mer*, ont le museau court et
obtus. Leur peau préparée s'appelle *chagrin*, et sert au
polissage ; on en fait aussi le *galuchat*, qui est employé
à couvrir les malles et les étuis. Les *anges* (fig. 185)
sont ainsi appe-
lés à cause du
développement
assez grand de
leurs pectorales
en forme d'ailes,
qui les fait res-
sembler un peu
aux raies. Les

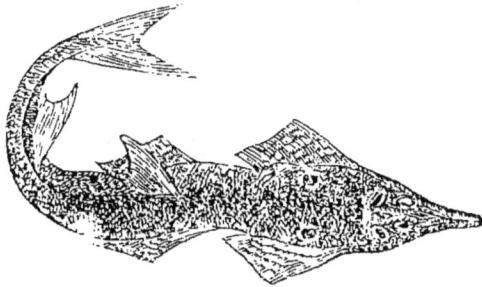

Fig. 185. Ange.

scies (fig. 186) ont également les pectorales larges,
mais se distinguent par l'appendice dentelé que porte

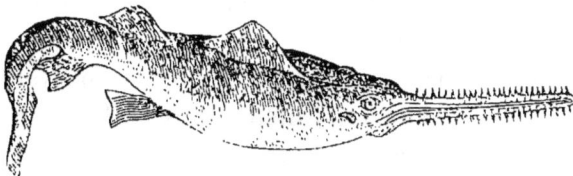

Fig. 186. Scie.

leur museau, et qui constitue une arme des plus
redoutables.

Les *batides* ont le corps large et aplati horizontalement, et leurs nageoires pectorales, très-larges et charnues, se rejoignent en avant; leur queue est généralement longue et grêle. Leurs yeux sont placés à la partie supérieure de la tête, qui offre aussi des évents. Ils se tiennent habituellement cachés dans la vase, et se nourrissent de poissons ou de crustacés. Nous citerons, parmi les genres de cette famille, les *raies,* les *torpilles* et les *pastenagues.*

Les *raies* ont le corps plus ou moins rhomboïdal, les dents serrées en quinconce. Leur queue, mince et garnie de deux petites dorsales à son extrémité, leur sert à frapper leur proie; elle porte le plus souvent à sa pointe deux épines fortes et aiguës. Les raies sont assez communes dans toutes les mers. La plupart de celles qu'on pêche sur nos côtes ont la peau garnie d'aspérités et souvent d'aiguillons. La *raie bouclée,* reconnaissable à ses tubercules osseux munis d'aiguillons recourbés, est une des plus estimées. La *raie ronce* n'a ni aiguilles ni tubercules. La *raie blanche* ou *batis,* qui donne son nom à la tribu, n'a que des tubercules sans aiguillons, avec une rangée d'épines sur la queue; c'est la plus grande espèce de nos mers.

Les *torpilles,* remarquables par l'appareil électrique qu'elles portent entre les pectorales et la tête, et qui consiste en une multitude de tubes membraneux serrés les uns contre les autres, ont la queue courte et charnue, le corps arrondi, la peau sans inégalités. Leur nom vient de l'engourdissement qu'elles peuvent produire sur leurs ennemis, même sans les toucher.

Les *pastenagues,* dont une espèce fournit, sous le nom de *peau de requin,* une grande partie du galuchat que l'on trouve dans le commerce, ont des dents qui ressemblent à celles des raies, et un corps arrondi comme les torpilles; mais leur queue porte un aiguillon dentelé en scie des deux côtés, qui fait des blessures graves.

Les poissons de la famille des CYCLOSTOMES, ainsi nommés à cause de la forme circulaire de leur bouche, sont remarquables par la grande imperfection de leur squelette, qui manque de vraies côtes et dont la plupart des pièces sont presque membraneuses. Ils ont le corps allongé comme les anguilles, et manquent de nageoires pectorales. Leur bouche, garnie de dents nombreuses et aiguës, forme une ventouse qui leur permet de sucer le sang des animaux auxquels ils s'attachent. Le principal genre de cette famille est la *lamproie* (fig. 187), dont l'espèce la plus grande, habitant la Médi-

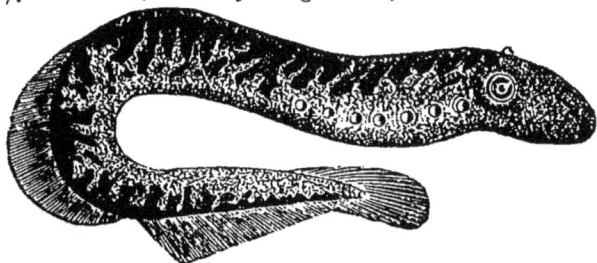

Fig. 187. Lamproie.

terranée et remontant les fleuves, est un poisson très-estimé. La *lamproie de rivière*, plus petite, est moins estimée; mais elle est recherchée des pêcheurs comme appât pour la pêche. A la même famille appartient *l'ammocète*, dont la seule espèce connue, appelée *lamproyon* ou *lamprillon*, est commune dans les ruisseaux et ressemble aux vers; elle sert d'appât pour la pêche.

~~~~~~~~~~~~~~~~~~~~~~~~~~~~~~~~

XXIIIe LEÇON.

ANIMAUX ARTICULÉS. CLASSES DES ANNÉLIDES ET DES CRUSTACÉS.

Les animaux articulés, qui forment l'embranchement le plus nombreux de toute la zoologie, se caractérisent en ce que leur enveloppe extérieure se compose d'une suite d'anneaux articulés entre eux, et que l'on appelle, pour cette raison, *articles*. Ces anneaux servent de soutien à leurs muscles, et leur forment ainsi un squelette extérieur au lieu d'un squelette intérieur. La plupart respirent par des *trachées* ou vaisseaux aériens communiquant avec le dehors par des ouvertures appelées *stigmates*, que l'on voit de chaque côté du corps. Leurs organes digestifs se rapprochent assez de ceux des vertébrés, mais leur bouche offre des particularités remarquables. Leurs mâchoires, lorsqu'il en existe, ne jouent pas de bas en haut mais latéralement. Elles sont le plus souvent au nombre de quatre, deux antérieures et deux postérieures. Sur la ligne médiane, on trouve deux appendices correspondant aux lèvres, sans en avoir les fonctions. La lèvre supérieure s'appelle *labre*, et la lèvre inférieure *languette*. Dans certains articulés, la bouche, au lieu d'être pourvue de mâchoires, est conformée en *trompe* ou *suçoir*.

La tête des articulés présente en général des appendices désignés sous le nom d'*antennes*, qui figurent des cornes, et dans lesquels on croit pouvoir placer le sens de l'odorat. Ils ont des yeux, dont le nombre varie; le sens de l'ouïe paraît résider, chez eux, dans une petite fossette située à la base de chaque antenne.

L'embranchement des articulés se divise en cinq classes : 1° les *ANNÉLIDES,* ainsi nommés parce qu'ils semblent n'être qu'une suite régulière d'anneaux recouverts d'une peau molle et muqueuse, et n'ont pas de membres articulés : exemples, le ver de terre et la sangsue ; 2° les *CRUSTACÈS,* qui tirent leur nom de la croûte osseuse qui garnit leur peau, et qui, comme l'écrevisse, ont des membres articulés, au nombre de cinq ou sept paires ; 3° les *ARACHNIDES,* dont l'araignée (en grec *arachné*) est le type, et qui ont quatre paires de membres, des yeux ordinairement en même nombre, et jamais d'antennes à la tête ; 4° les *MYRIAPODES,* dont le nom vient du grand nombre de leurs pattes ; 5° les *INSECTES,* qui n'ont jamais que trois paires de pattes, ont la tête garnie d'antennes et sont remarquables par leurs métamorphoses, comme les hannetons, les papillons, les mouches, etc.

Les *ANNÉLIDES* se distinguent, ainsi que nous venons de le dire, par la mollesse de leur enveloppe extérieure et le défaut de membres articulés. Toutefois, certains d'entre eux ont une enveloppe dure ordinairement formée de grains de sable et de débris de coquillages agglutinés ; la plupart ont aussi, de chaque côté du corps, des soies raides qui leur servent à se mouvoir mais qui ne peuvent être prises pour de véritables membres. Tous sont carnassiers. Les uns ont des mâchoires, les autres ont une trompe qui leur sert à sucer le sang ; il en est qui, dépourvus de ces organes, ne se nourrissent que des débris organiques suspendus dans l'eau. Les annélides ont, en général, le sang rouge ; leur respiration s'opère par des branchies, qui

souvent ont la forme de filaments et de houppes aux
brillantes couleurs. Leurs sens sont très-imparfaits;
certains ont des yeux. Ils ne peuvent que nager ou
ramper, et se tiennent habituellement dans l'eau. On
divise cette classe en trois ordres : les TUBICOLES,
qui habitent un tube ou étui; les DORSIBRANCHES,
qui ont les branchies sur le dos ou sur les côtés, et les
ABRANCHES, qui semblent n'avoir pas de branchies,
parce que ces organes sont intérieurs.

Les TUBICOLES, comme leur nom l'indique, habitent
un tube qui est ordinairement calcaire, formé de par-
celles agglutinées, et laisse sortir leur tête, sur les côtés
de laquelle leurs branchies forment une sorte de houppe;
de là, le nom de *pinceaux de mer*. Ce tube étant fixé,
ces animaux, quoiqu'ils puissent en sortir en s'aidant
des soies crochues dont sont armés leurs pieds, sont

Fig. 188.   Fig. 189.

Sabelle.   Arénicole.

sédentaires. Nous citerons
parmi eux les *serpules* (fig.
188), remarquables par la
beauté de leurs branchies,
formant un panache aux
vives couleurs, dont l'aspect
est très-beau surtout lorsqu'elles sont réunies en
grand nombre; les *térébel-
les*, dont les branchies ressemblent à des rameaux;
les *arénicoles* (fig. 189),
qui vivent dans les sables,
et, quoique habitant aussi
un tube, qui est membra-
neux, ont les branchies au
milieu du dos. Ces derniers annélides, appelés *lombrics*

de mer et remarquables par leur beauté, sont très-recherchés comme appât pour la pêche.

Les DORSIBRANCHES nagent avec agilité, à l'aide de soies bien développées dont ils sont pourvus. Ils ont en outre, pour se défendre, d'autres soies raides et aiguës nommées *acicules,* qui rentrent à volonté dans le corps, et qui sont assez fortes pour percer la peau des animaux. Quelques espèces se tiennent dans des tubes. Tous ont une tête bien distincte, des yeux, des antennes, et sont munis d'une trompe. Nous citerons parmi eux les *néréides,* appelées *scolopendres de mer* à cause de leurs soies locomotrices, et qui sont employées comme appât pour la pêche.

Les ABRANCHES, dont les organes respiratoires sont intérieurs et ressemblent à des sacs pulmonaires, sont remarquables en ce qu'ils n'ont pas de pieds, en ce que leurs soies sont moins nombreuses, plus courtes et parfois nulles, et aussi en ce que leur tête se distingue difficilement, n'ayant ni yeux ni aucun appendice. Ils se meuvent par les ondulations de leur corps, et les espèces aquatiques ont beaucoup d'agilité. Ils passent l'hiver cachés dans la terre ou dans la vase. On trouve, dans cet ordre peu nombreux, deux espèces bien connues : les *lombrics,* ou *vers de terre,* et les *sangsues.* Le *ver de terre* a des soies non rétractiles de chaque côté du corps, et une bouche placée sous une lèvre saillante; certains naturalistes croient que ces animaux respirent par toutes les parties de leur peau. Leur corps peut être divisé en fragments très-petits sans qu'ils ne meurent, et même il arrive que chaque fragment reproduit un ver entier. Les *sangsues* (fig. 190)

Fig. 190.

Sangsue.

n'ont absolument ni pieds ni soies locomotrices, et chacune des deux extrémités de leur corps peut s'attacher
en faisant le vide comme une ventouse. C'est à l'extrémité la plus effilée que se trouve leur bouche, armée
de pièces dentelées faisant l'office de mâchoires ; chacun sait que ces articulés, qui vivent dans les eaux, se
nourrissent en suçant le sang des animaux qui s'y
trouvent, et que la médecine a tiré parti de cette
propriété.

Les *CRUSTACÉS*, seconde classe des animaux articulés, ont, ainsi que leur nom l'indique, la peau pourvue d'une croûte ou enveloppe calcaire dont la dureté
approche de celle des coquillages, et qui se renouvelle
périodiquement, grandissant à mesure que l'animal
se développe. Pendant cette mue, qui se fait assez
rapidement, le crustacé se tient dans une retraite
inaccessible et contenant ce qui est nécessaire à sa
subsistance. Les crustacés ont une conformation analogue à celle des insectes ; mais ils respirent par des
branchies, tandis que ces derniers respirent par des
trachées. Leur corps se divise, comme celui des insectes, en quatre parties bien distinctes : la *tête*, le *thorax*,
l'*abdomen* (que l'on désigne vulgairement sous le nom
de *queue*) et les *pattes*. La tête présente deux yeux,
deux ou quatre antennes, et une bouche ordinairement
formée de mâchoires nombreuses, jouant latéralement
les unes sur les autres. Le thorax, qui porte les pattes,
se confond assez souvent avec la tête et l'abdomen.
Quand il se confond avec la tête, comme dans le crabe
et l'écrevisse, ses anneaux, visibles seulement à leur
partie inférieure, sont réunis supérieurement en une
seule pièce nommée *carapace ;* quand il se confond
avec l'abdomen, ses anneaux sont distincts. L'abdomen

est très-développé chez certains crustacés, tels que le homard, et porte, de chaque côté, de petits appendices appelés *fausses pattes ;* chez d'autres, comme les crabes, il l'est très-peu. Les pattes, toujours articulées, sont le plus souvent au nombre de quatorze, sept de chaque côté. Les premières paires font quelquefois partie de la bouche, sous le nom de *pieds-mâchoires,* comme chez les écrevisses, où dix pattes seulement servent à la locomotion. Le plus souvent, les premières pattes sont conformées en pinces et les dernières en nageoires. De même que celles des insectes, elles se composent d'une *hanche,* d'un *trochanter,* d'une *cuisse,* d'une *jambe* et d'un *tarse ;* le tarse des crustacés est composé de deux articles.

Les crustacés ont des yeux, tantôt portés sur un pédicule, tantôt *sessiles,* c'est-à-dire attachés directement à la tête. Le sens de l'ouïe réside, chez eux, dans une fossette située à la base des antennes externes. Dans la majorité des crustacés, la bouche présente en avant l'appendice appelé *labre,* en arrière celui appelé *languette,* et sur les côtés trois paires d'appendices dont les deux premières, appelées *mandibules,* servent à broyer les aliments, tandis que la postérieure, désignée sous le nom de *mâchoires,* sert à les maintenir. En outre, beaucoup d'espèces ont des *pieds-mâchoires,* dont nous avons déjà parlé, et qui peuvent servir soit à la mastication soit à la locomotion. Certains crustacés n'ont pas de mâchoires, et leurs pattes antérieures servent à la fois à les mouvoir et à avaler leurs aliments. D'autres ont une espèce de trompe, au centre de laquelle se trouvent deux stylets pour piquer la peau.

Ces animaux, étant carnassiers, ont un canal digestif peu compliqué. Leur appareil circulatoire se compose d'un cœur simple, d'artères et de veines. Leur respiration, ainsi que nous l'avons dit, s'opère toujours par des branchies dont la position et la forme varient beaucoup, mais qui font le plus souvent partie des organes locomoteurs. Leur génération est ovipare ; leurs habitudes sont généralement aquatiques.

Les crustacés se divisent en six ordres : 1° les DÉCAPODES, qui ont cinq paires de pattes, et dont l'écrevisse (fig. 191) est un type ; 2° les STOMATOPODES (*pieds à la bouche*), crustacés entièrement aquatiques, auxquels

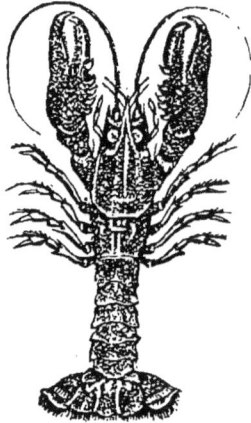

Fig. 191. Ecrevisse.   Fig. 192. Pagure.

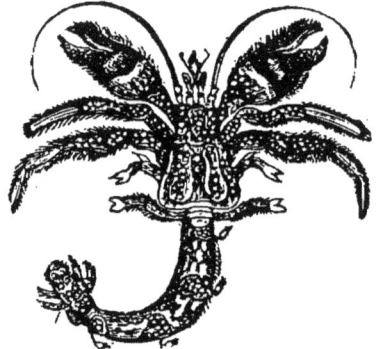

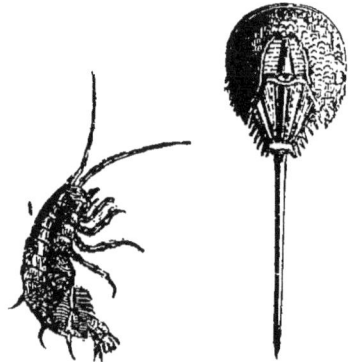

Fig. 193. Crabe.   Fig. 194. Crevette. Fig. 195. Limule.

appartient la *squille,* renommée chez les anciens Romains, et qui tirent leur nom de ce que leurs deux premières paires de pieds, très-rapprochées de la bouche, peuvent servir à la mastication et à la locomotion ; 3° les HÉDRIOPHTHALMES (*yeux sessiles*), tels que les *cloportes* et les *crevettes* (fig. 194), qui se distinguent en ce que leurs yeux ne sont pas portés sur un pédicule ; 4° les BRANCHIOPODES, crustacés en général microscopiques, qui pullulent dans les mares et dans les étangs ; 5° les XYPHOSURES (*queue en épée*), les plus grands des crustacés, et qui ne comprennent qu'un seul genre, le *limule* ou *crabe des Moluques* (fig. 195), remarquable par sa large carapace bombée et terminée en arrière par une longue queue garnie, de chaque côté, de dents aiguës ; enfin 6° les SIPHONOSTOMES, petits crustacés qui vivent en parasites, et dont la bouche est conformée en trompe ou suçoir. Entrons dans quelques détails sur l'ordre des décapodes, qui est le plus nombreux et le plus intéressant.

Les décapodes se distinguent à leurs cinq paires de pieds, dont une ou plusieurs sont terminées en pinces vigoureuses ; à leur tête soudée avec le thorax et portant quatre antennes ; à leur bouche composée d'un labre, de deux mandibules, de deux mâchoires et de trois paires de pieds-mâchoires. Leur estomac est garni de dents calcaires destinées à broyer leur nourriture ; ils sont voraces et carnassiers. Leurs yeux, portés sur un pédicule, peuvent s'avancer ou rentrer dans une gaîne. Cet ordre se divise en deux familles : les BRA-CHYURES ou crabes, et les MACROURES ou écrevisses.

Les BRACHYURES ou crabes (fig. 193), ainsi que l'indique leur nom, ont la queue courte, sans nageoire et repliée dans une fossette située sous le thorax ; leur carapace, aussi large que longue, recouvre tout le corps, et son prolongement, appelé *front* ou *rostre*, recouvre la tête. Les antennes sont peu développées. La première paire de pattes est seule disposée en pinces. Les crabes sont essentiellement aquatiques, mais peuvent rester longtemps à terre à cause de la disposition de leurs branchies, abritées dans une cavité latérale de leur carapace et conservant aisément l'humidité. Leur chair est assez bonne à manger. On distingue, parmi leurs espèces, les *portunes* ou *crabes nageurs,* dont un certain nombre de pieds se terminent en nageoire ; les *crabes proprement dits ;* les *pinnathères,* crabes de petite taille qui se retirent dans les coquilles de certains mollusques, notamment des moules ; les *gécarcins* ou crabes terrestres, qui vivent longtemps hors de l'eau ; les *dromies,* remarquables par leur agilité.

Les MACROURES ou écrevisses, dont le nom signifie *longue queue,* se distinguent à ce que leur abdomen fait une saillie allongée au delà de la carapace, et se termine par une nageoire en éventail, disposition qui les rend excellents nageurs ; cette nageoire frappant l'eau d'arrière en avant, ils nagent à reculons. Leurs antennes sont très-développées. Nous citerons, parmi les genres de cette famille, les *écrevisses,* les *langoustes* et les *pagures.* Les *écrevisses* (fig. 191) ont les trois premières paires de pattes terminées en pinces, et se trouvent à la fois dans les eaux douces et dans la mer (*homard*) ; les *langoustes,* habitant la mer et recherchées sur les tables comme les homards, diffèrent de ceux-ci en ce qu'elles n'ont pas de pinces, sauf quelquefois à la dernière paire de pattes. Les *pagures* (fig. 192), n'ayant qu'une carapace faible, s'approprient la coquille de certains mollusques, où ils se logent.

XXIVe LEÇON.

Les *ARACHNIDES* se distinguent en ce qu'elles n'ont point d'antennes; en ce que leur corps ne se compose que de deux parties, la tête formant avec le thorax une seule pièce appelée *céphalotorax;* en ce que leurs pattes sont toujours au nombre de huit, et en ce que leurs yeux, ordinairement au nombre de huit aussi, n'offrent jamais de facettes comme ceux des insectes. Leur bouche, quand elle n'est pas conformée en trompe, se compose de deux mandibules et de deux mâchoires; celles-ci sont terminées par un crochet mobile. Parmi les arachnides, les unes respirent par une espèce de poumon; les autres, par des trachées, dont les ouvertures ou *stigmates* se voient sur les côtés de l'abdomen. C'est d'après leur respiration que les articulés de cette classe ont été divisés en deux ordres : les PULMONAIRES et les TRACHÉENNES.

L'ordre des arachnides PULMONAIRES se divise en deux familles : les ARANÉIDES et les PÉDIPALPES.

Les ARANÉIDES, famille très-nombreuse à laquelle appartient l'*araignée* proprement dite (fig. 196), ont le corps gros, velu, composé d'un petit céphalothorax et d'un énorme abdomen, unis par un grêle pédicule et dont on ne peut distinguer les anneaux. Leur céphalothorax porte presque toujours huit yeux. Leur abdomen offre en arrière, au-dessus de l'anus, quatre ou

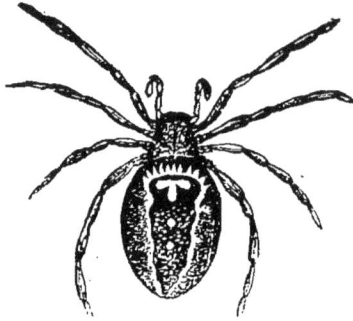
Fig. 196. Araignée.

six mamelons charnus appelés *filières*, par lesquels s'élabore la soie dont elles font leur toile, et qui est sécrétée par un organe glanduleux situé dans l'abdomen. Exclusivement carnassières, elles ont le canal digestif très-court. Leur bouche renferme des glandes sécrétant un liquide qui hâte la mort des animaux dont elles font leur proie. Outre leurs poumons, elles ont des trachées, de sorte qu'elles réunissent les deux ordres d'organes respiratoires. Leur génération est ovipare; elles placent leurs œufs dans un cocon de soie qu'elles filent, et que la femelle emporte avec elle chaque fois qu'elle sort de sa demeure. Certaines d'entre elles font, avec cette soie, des toiles qui leur servent à prendre les insectes.

La famille des aranéides a été divisée en deux tribus : les *théraphoses* et les *araignées*. Aux premières appartiennent les *mygales*, appelées aux Antilles *araignées crabes*, à cause de leur grandeur, et dont une espèce, habitant nos pays, est appelée *mygale mineuse* ou *araignée-maçonne*, parce qu'elle se creuse une demeure souterraine. Dans la seconde tribu, on trouve les *araignées propres* ou *tégénaires*, qui se tiennent à poste fixe et tendent des toiles; les *lycoses* ou *araignées-loups*, ainsi nommées à cause de leur voracité, et dont la *tarentule d'Italie* (qu'il ne faut pas confondre avec la vraie tarentule) est une espèce, dangereuse par son venin; les *argyronètes*, qui se construisent dans l'eau une coque ovale où elles se forment une atmosphère artificielle au moyen de bulles d'air qu'elles apportent.

Les PÉDIPALPES forment une famille beaucoup moins nombreuse que les aranéides. Ils se distinguent en ce que l'étranglement qui sépare le céphalothorax de l'abdomen est formé de segments très-distincts. Ils n'ont ni filières ni glandes sécrétant de la soie. Leur bouche est armée de *chélicères* ou mandibules à deux doigts; leurs palpes se terminent en griffe ou en pince et ressemblent à des espèces de bras,

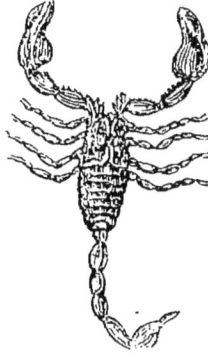

Fig. 197. Scorpion.

d'où leur vient le nom de *pédipalpes*. Leurs yeux sont au nombre de six ou huit. C'est à cette famille qu'appartiennent le *scorpion* et la *tarentule*. Le *scorpion* (fig. 197) se reconnaît à son corps long et terminé par une queue noueuse portant, à son extrémité, un dard qui verse un venin dans les plaies. Il habite les pays chauds. La *tarentule* se distingue du scorpion par l'absence de la queue, la forme des palpes se terminant en griffe et non en pince, et un léger étranglement séparant le thorax de l'abdomen.

C'est à l'ordre des TRACHÉENNES qu'appartiennent les arachnides appelées *faucheurs*, si remarquables par la longueur démesurée de leurs pattes grêles; les *faux-scorpions*, qui ont, comme les vrais scorpions, des palpes très-développés et des chélicères ou mandibules à deux doigts, mais dont l'abdomen ovale ne se termine pas par une longue queue articulée; les *acarides*, appelés encore *mites* ou *cirons*, petits animaux, la plupart microscopiques, qui

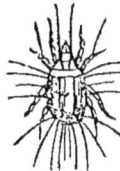

Fig. 198.

Acarus du fromage.

vivent ordinairement en parasites sur des plantes ou sur des animaux. Parmi ces derniers nous citerons l'*acarus domestique,* qui attaque les collections entomologiques ; l'*acarus du fromage* (fig. 198), à peine visible à l'œil nu, et l'*acarus de la gale,* qui diffère des précédents par sa forme presque ronde.

Les MYRIAPODES ou *mille-pieds,* qui forment une classe très-peu nombreuse, sont ainsi appelés à cause du nombre considérable de leurs pieds, qui peut être de plus de cent et n'est jamais moindre de vingt-quatre. Ils ont le corps allongé, formé d'une suite de segments semblables sans distinction de thorax ni d'abdomen, et souvent terminé en arrière par deux appendices en forme de queue. La tête présente deux antennes, et le nombre des yeux varie. La bouche est formée de deux mandibules, d'une languette munie de palpes, et de deux paires de petits pieds pouvant servir à la manducation. Ces animaux habitent à terre, mais recherchent les lieux sombres et obscurs ; certains d'entre eux sont phosphorescents. Les myriapodes forment deux familles : les CHILOGNATHES et les CHILOPODES.

Fig. 199.

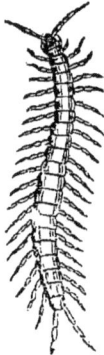

Scolopendre.

Les CHILOGNATHES se distinguent par la grande multiplicité de leurs pattes, dont chacun de leurs anneaux soutient deux paires, mais qui ne leur permettent que des mouvements embarrassés : c'est à cette famille qu'appartiennent les *glomérides,* assez ressemblants aux cloportes, et les *iules,* qui ont le corps cylindrique, vermiforme. Les CHILOPODES ou *scolopendres* (fig. 199) n'ont qu'une paire de pattes par anneau, et sont très-agiles. Ils ont les antennes longues, terminées en pointe, la bouche garnie de deux crochets cornés et aigus, à l'aide desquels ils saisissent leur proie qu'ils font périr par leur venin. Ils sont plus ou moins dangereux, surtout dans les pays chauds.

~~~~~~

XXVe LEÇON.

SUITE DES ANIMAUX ARTICULÉS. CLASSE DES INSECTES. NOTIONS GÉNÉRALES. INSECTES SANS AILES. INSECTES AILÉS. ORDRE DES COLÉOPTÈRES.

La classe des *insectes* comprend tous les articulés à respiration trachéenne, ayant des antennes et trois paires de membres articulés, et sujets, pour la plupart, à des métamorphoses. C'est la plus nombreuse de toute la zoologie.

Le corps des insectes se compose toujours de quatre parties bien distinctes : la *tête*, le *thorax*, l'*abdomen* et les *membres*, qui se distinguent en *pattes* et en *ailes*, sauf chez les espèces qui sont privées de ces derniers organes.

La bouche, dans certains insectes, est conformée en trompe destinée à sucer les fluides des végétaux et des animaux ; dans les autres, elle est destinée à broyer, et présente des *lèvres*, des *mandibules* et des *mâchoires*, dont nous connaissons la disposition (V. pag. 162). Leurs yeux, au nombre de deux, placés de chaque côté de la tête, sont immobiles, mais offrent une multitude de facettes, répondant aux positions diverses des objets. Beaucoup ont, en outre, deux ou trois autres yeux sans facettes, appelés *ocelles* ou *stemmates*.

Le thorax se compose de trois anneaux supportant

chacun une paire de pattes, et dont l'antérieur se nomme *prothorax (pro, devant)*, le postérieur *méta-thorax (meta, après)*, et celui du milieu *mésothorax* *(mesos, milieu)*. Les deux derniers servent aussi de soutien aux ailes. Quelquefois, l'arceau supérieur d'un de ces anneaux prend plus de développement que les autres, et forme ce qu'on appelle le *corselet*. L'abdomen, qui varie beaucoup en forme et en grosseur, comprend six à dix segments présentant chacun un stigmate, et dans certaines espèces sa partie postérieure porte un aiguillon ou une tarière.

Les pattes se composent chacune de cinq parties, articulées entre elles en charnière : la *hanche*, articulée avec le tronc ; le *trochanter*, souvent peu développé ; la *cuisse*, la partie la plus forte ; la *jambe*, dont la longueur est à peu près la même ; puis enfin le *tarse*, formé d'un à cinq articles, et terminé tantôt en pince, tantôt en griffe, en crochet, en nageoire, etc., suivant les habitudes de l'insecte.

La plupart des insectes ont des ailes. Lorsqu'ils en ont quatre, il arrive tantôt que ces quatre ailes sont membraneuses et servent au vol, tantôt que deux d'entre elles, sous le nom d'*élytres*, sont plus ou moins coriaces et ne servent qu'à protéger les autres, comme cela se voit, par exemple, chez le hanneton. On appelle *pseudélytre (fausse élytre)*, l'aile protectrice qui n'a pas une consistance cornée, comme chez la sauterelle, et *hémélytre (demi-élytre)*, celle qui est coriace à sa base et membraneuse à son extrémité.

Le canal digestif est plus ou moins long, suivant que l'insecte se nourrit de matières végétales ou animales. La circulation est très-obscure chez les insectes, ce qui est en rapport avec leur respiration trachéenne, qui conduit dans toutes les parties du corps, au moyen de vaisseaux se communiquant entre eux, l'air entré par les ouvertures appelées stigmates.

Les insectes pondent un très-grand nombre d'œufs, de chacun desquels sort une espèce de ver appelé *larve* ou *chenille,* qui tantôt a des pattes, tantôt en manque, et qui, après avoir vécu un temps variable en cet état, et consommé beaucoup de nourriture, se transforme en *nymphe* ou *chrysalide,* état pendant lequel il est immobile et ne prend pas de nourriture, mais qui dure moins longtemps que le précédent ; l'insecte est alors comme emmaillotté dans une enveloppe plus ou moins solide, où sa forme est celle qu'il aura dans l'état parfait. Enfin, sorti de la chrysalide, il prend sa forme dernière et parfaite, sous laquelle il ne vit plus que quelques jours, parfois même quelques heures, et meurt après avoir déposé ses œufs. Il est quelques insectes qui n'ont que des demi-métamorphoses, c'est-à-dire chez qui la larve et la nymphe ne diffèrent de l'insecte parfait que par le manque d'ailes.

La classe des insectes, étant très-nombreuse, a été partagée en quatre sous-classes. La première comprend les insectes dépourvus d'ailes et nommés pour cette raison *aptères* (*a* privatif et *pteron, aile*). Les divisions suivantes se tirent du nombre et de la nature de leurs ailes. Ainsi, la deuxième sous-classe comprend les insectes qui ont quatre ailes dont deux membraneuses et deux de consistance plus ou moins dure ; la troisième, ceux qui ont quatre ailes membraneuses, et la quatrième ceux qui n'ont que deux ailes. Ces sous-classes, en se subdivisant, donnent lieu à douze ordres, comme nous allons le voir.

Les insectes dépourvus d'ailes ou aptères, formant

la première sous-classe, se divisent en trois ordres :
1º les THYSANOURES, qui ont la bouche broyeuse,
et dont l'abdomen se termine par deux ou trois filets
plus ou moins longs ; 2º les PARASITES, qui n'ont
pas ces filets, et dont la bouche varie ; 3º les SIPHO-
NAPTÈRES, dont la bouche est en suçoir, et qui
ont des métamorphoses complètes, tandis que les deux
premiers ordres ne subissent pas
de métamorphoses. C'est aux thysanoures qu'appartiennent les *lépis-*
mes, que l'on voit courir avec rapidité dans les armoires où l'on met le

Fig. 200.   Fig. 201.

Pou.   Puce.

sucre ou le linge, et qui ressemblent à de petits poissons d'un blanc argenté. Aux parasites appartiennent
les *poux* (fig. 200), ainsi que les *ricins*, qui sont les
poux des oiseaux. Les siphonaptères, également parasites, ne comprennent qu'un seul genre, la *puce* (fig.
201), si remarquable par la souplesse de ses membres,
qui lui permet des sauts énormes eu égard à sa taille.

La deuxième sous-classe, comprenant les insectes à
quatre ailes de consistance inégale, se divise aussi en
trois ordres : 1º les COLÉOPTÈRES, qui, comme le
hanneton, ont des élytres de nature cornée, formant
un véritable étui, et dont les ailes membraneuses se
replient en travers ; 2º les ORTHOPTÈRES, dont la
sauterelle est un type, et dont les élytres moins dures,
ne se touchant qu'imparfaitement, sont ordinairement
couchées en toit ; 3º les HÉMIPTÈRES, dont le nom
vient de ce que leurs élytres ne sont qu'à moitié
coriaces, et dont le principal caractère se tire de leur
bouche conformée en suçoir, comme dans le puceron
et la punaise. Entrons dans quelques détails sur chacun de ces trois ordres d'insectes.

Les COLÉOPTÈRES, outre la nature et la disposition de leurs élytres, qui a fait donner à ces insectes leur nom, se distinguent à leur bouche pourvue de mâchoires et de mandibules, au support de leur lèvre inférieure désigné sous le nom de *menton*, à leurs deux antennes ordinairement formées de onze articles, au développement du premier segment de leur thorax sous le nom de *corselet*, et à ce que leur thorax et leur abdomen se continuent sans étranglement. Leurs larves, connues sous le nom de *vers blancs*, vivent longtemps et sont très-voraces. Les coléoptères ont été divisés, d'après le nombre des articles de leurs tarses, en quatre sous-ordres : 1° les *pentamères*, qui ont cinq articles à tous leurs tarses ; 2° les *hétéromères*, qui ont cinq articles aux tarses de devant et quatre seulement aux autres ; 3° les *tétramères*, qui ont quatre articles à chaque tarse, et 4° les *trimères*, qui en ont trois ou moins.

Les coléoptères *pentamères* sont les plus nombreux, et comprennent six grandes familles : les CARNASSIERS, les BRACHÉLYTRES, les SERRICORNES, les CLAVICORNES, les PALPICORNES et les LAMELLICORNES.

Les CARNASSIERS, ainsi nommés à cause de leurs habitudes et de leur bouche puissamment armée, ont les antennes sétacées, filiformes ou en chapelet, et leurs élytres recouvrent entièrement l'abdomen. On les distingue en espèces terrestres et espèces aquatiques. Les espèces *terrestres* se divisent en deux tribus : les *cicindelètes*, dont la *cicindèle* (fig. 202) est le type, et les *carabiques*, tribu nombreuse qui a pour type les *carabes* (fig. 203), les plus redou-

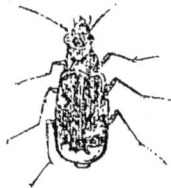

Fig. 202. Cicindèle.

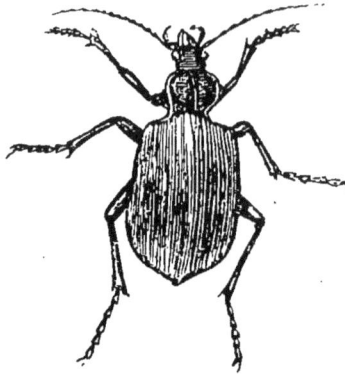

Fig. 203. Calosome.

Fig. 204. Dytisque.

tables des carnassiers, ornés de couleurs métalliques éclatantes. A cette dernière tribu appartiennent les *brachynes*, qui, lorsqu'ils sont attaqués, font entendre une petite détonation en lançant une vapeur caustique, d'où les noms de *canonnier*, *pistolet*, *pétard*, *bombarde*, qui leur ont été donnés. Les carnassiers *aquatiques* forment une petite tribu que l'on désigne sous le nom d'*hydrocanthares*.

Ils ont le corps ovale, les yeux très-gros, et le corselet beaucoup plus large que long. Leurs principaux genres sont les *dytisques* ou *plongeurs* (fig. 204), et les *gyrins* ou *tourniquets*, ainsi nommés à cause des cercles qu'ils décrivent avec rapidité à la surface de l'eau.

La famille des BRACHÉLYTRES tire son nom de la brièveté des élytres, qui laissent à découvert le tiers au moins de l'abdomen. Les antennes de ces coléoptères sont en chapelet ou un peu renflées à leur extrémité. Ils ont les mêmes habitudes que les carnassiers, et sont, comme eux, fortement armés et agiles à la course. Leur abdomen est très-développé; ils lancent à ceux qui les attaquent une matière subtile et odorante. La plupart vivent dans des lieux humides. Nous citerons parmi eux les *staphylins*, connus par leur liqueur nauséabonde.

Les SERRICORNES se font remarquer par leurs antennes ordinairement dentées en scie (*serra*) ou en peigne,
et par leur habitude de faire le mort lorsqu'on les
poursuit, habitude que l'on rencontre encore chez
d'autres coléoptères. Cette famille, très-nombreuse, se
divise en trois tribus : 1° les *sternoxes*, dont les principaux genres sont les *buprestes* ou *richards*, remarquables par l'admirable richesse de leurs couleurs, et les
taupins ou *scarabées à ressort* (fig. 205), qui peuvent se
redresser lorsqu'ils sont renversés sur le dos, en se
pliant en arc et se débandant subitement; 2° les *molli-
pennes*, parmi lesquels nous citerons les *lampyres* ou
vers luisants (fig. 206), si remarquables par leur lueur
phosphorescente; les *clairons* (fig. 207), dont une
espèce vit dans les ruches, et les *vrillettes*, ainsi nom-

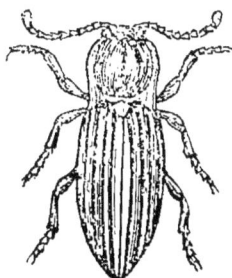

Fig. 205. Taupin (elater).   Fig. 206. Lampyre.   Fig. 207. Clairon.

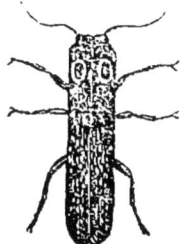

mées à cause des trous ronds qu'elles font dans le bois
à la manière d'une vrille, en produisant ce bruit, analogue aux battements d'une montre, que nous enten-
dons quelquefois dans nos appartements lorsque tout
est silencieux; 3° les *térédyles* ou *lime-bois*, qui vivent
dans les vieux troncs d'arbres.

Les CLAVICORNES ont leurs antennes renflées en massue (*clava*) à leur extrémité. La plupart vivent de
matières animales en putréfaction, et ont des habitudes
nocturnes; aussi ont-ils généralement des couleurs

ternes. Ils contrefont ordinairement le mort lorsqu'ils
veulent se soustraire à leurs ennemis. Parmi les genres
de cette famille, nous citerons les *escarbots*, dont le
corps a la forme d'un carré long ; les *nécrophores* (fig.
208), qui tirent leur nom de leur habitude d'enterrer les

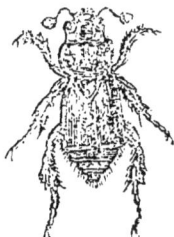

Fig. 208. Nécrophore.

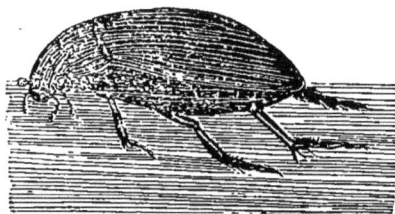

Fig. 209. Hydrophile.

cadavres des petits quadrupèdes ; les *dermestes*, ainsi
nommés à cause des dégâts qu'ils font dans les magasins de pelleteries.

Les PALPICORNES ont des palpes maxillaires égaux à
leurs antennes, qui sont courtes et terminées en massue. Leurs tarses sont ordinairement propres à la natation. Leur principal genre est celui des *hydrophyles*
(fig. 209), qui sont essentiellement aquatiques. Mentionnons encore les *hélophores,* dont le nom, tiré de
l'habitude qu'ils ont de se tenir dans la vase, signifie
porte-fange.

Les LAMELLICORNES sont ainsi nommés parce que
l'espèce de massue qui termine leurs antennes est for-

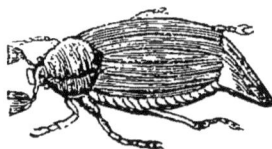

Fig. 210. Hanneton.

Fig. 211. Hanneton sortant de terre.

mée de lames feuilletées. Cette famille, dont le *hanneton* (fig. 210 et 211) est un type, se fait remarquer par

des formes lourdes et massives, mais souvent aussi par
de belles couleurs. Ce sont spécialement
les larves de ces insectes qui sont connues sous le nom de *vers blancs* (fig.
212), et sont si redoutées des jardiniers
pour les dégâts qu'elles font pendant
quatre années qu'elles vivent.

Fig. 212.

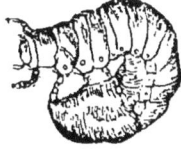

Larve du hanneton.

Les lamellicornes se partagent en deux tribus : les
scarabéides, auxquels appartiennent les *scarabées* et
les *hannetons ;* les *lucanides,* qui tirent leur nom de
celui du *cerf-volant* (fig. 213), le plus grand des
insectes d'Europe, facile à reconnaître à sa tête volumineuse, armée d'antennes grandes, dentées, courbées
en dedans. Nous remarquons encore, parmi les sca-

Fig. 214.

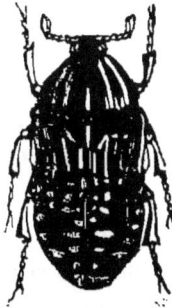

Fig. 213. Cerf-volant.   Cétoine dorée.   Fig. 215. Bousier.

rabéides, les *cétoines* (fig. 214), qui ressemblent aux
hannetons mais ont une forme plus carrée et de belles couleurs ; les *bousiers* (fig. 215), aux couleurs ordinairement noirâtres, quelquefois brillantes, qui vivent
dans le fumier ou sur la bouse des animaux, et dont
les mâles ont ordinairement des cornes sur la tête ou
sur le corselet ; les *géotrupes* (fig. 216), ainsi nommés

Fig. 216. Géotrupe.   Fig. 217. Orycte nasicorne.   Fig. 218. Méloé.

à cause des trous profonds qu'ils creusent dans la terre, et qui ont des habitudes analogues à celles des bousiers, dont ils se distinguent, entre autres caractères, en ce que leurs élytres laissent voir, à leur base, une partie du thorax, faisant suite au corselet et qu'on appelle *écusson ;* les *scarabées,* presque tous de grande taille, et parmi lesquels nous citerons l'*orycte nasicorne* (fig. 217), remarquable par la corne recourbée qu'il porte sur la nuque.

Les coléoptères *hétéromères,* c'est-à-dire qui ont cinq articles aux tarses de devant et quatre aux autres tarses, vivent tous de substances végétales. On divise en quatre familles les genres de ce sous-ordre. Parmi ces familles, nous citerons les TRACHÉLIDES, ainsi nommés à cause de leur cou plus ou moins allongé, et les MÉLASOMES, qui tirent leur nom de la couleur noire de leur corps. Aux trachélides appartiennent les *meloès* (fig. 218), remarquables par leur abdomen volumineux, que leurs élytres ne recouvrent qu'en partie, et les *cantharides,* dont la poudre sert à faire des vésicatoires ; aux MÉLASOMES, les *blaps* (fig. 219), qui font tant de dégâts dans nos appartements, où ils ne se

montrent que la nuit, et qui, n'ayant
que des élytres sans ailes membraneuses, sont privés de la faculté de voler. Les
ténébrions, qui se rapprochent de ces derniers, se tiennent non-seulement dans les
habitations, mais encore dans les bois,
et ils ont des ailes membraneuses qui

Fig. 219. Blaps.

leur permettent de voler ; l'espèce la plus commune
est le *ténébrion de farine* ou *meunier*, dont la larve vit
dans la farine.

Les coléoptères *tétramères*, c'est-à-dire dont tous les
tarses sont composés de quatre articles, sont en général
de petits insectes se nourrissant de matières végétales
et faisant beaucoup de dégâts dans le bois ou dans les
greniers. On les divise en sept familles :

Les RHYNCHOPHORES, ainsi nommés à cause du prolongement en forme de bec que présente
leur tête. Nous remarquons parmi eux
les *charançons*, dont la larve se développe à l'intérieur des grains de blé et
en dévore la farine ; les *brentes*, au corps
presque linéaire, qui appartiennent presque toutes à l'Amérique, et les *calandres*
(fig. 220), que leur immense fécondité
rend plus redoutables pour les blés que

Fig. 220. Calandre.

les charançons.

Les XYLOPHAGES ou *ronge-bois*
(fig. 221), qui s'attaquent aux parties mortes des arbres et les font
tomber ; il en est de même des
PLATYSOMES.

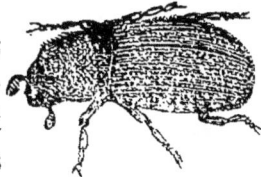

Fig. 221. Bostrichus.

Les LONGICORNES, coléoptères généralement grands et
souvent riches en couleurs, qui ont les antennes aussi

longues que le corps. Leurs larves s'attaquent à l'écorce et au bois des arbres,
qu'elles criblent de trous. Nous citerons parmi eux les *capricornes* (fig.
222), aux formes élégantes et au vol
bruyant ; les *callichromes* et les *calli-
dies,* qui tirent leur nom de leur beauté;
les *leptures,* dont le nom vient de la
terminaison en pointe de leur abdomen, non entièrement recouvert par
les élytres.

Les EUPODES, insectes de forme élé-
Fig. 222. Capricorne. gante et oblongue , parmi lesquels
nous citerons les *criocères* , genre comprenant des
espèces nombreuses de petits insectes aux couleurs
brillantes, qui rongent les feuilles des plantes liliacées
et asparaginées.

Les CYCLIQUES, ainsi nommés à cause de la forme
plus ou moins arrondie de leur corps. Nous citerons
Fig. 223. parmi eux les *cassides,* dont le nom vient
de l'espèce de casque formé par leur corselet et leurs élytres; les *chrysomèles* (fig.
223), qui, comme les cassides, ont de jolies
couleurs, mais dont la tête est saillante au-
delà du corselet, et dont la larve exsude,
lorsqu'elle est menacée, une humeur dégoû-
Chrysomèle. tante qu'elle réabsorbe lorsque le danger
est passé ; les *altises,* appelées *puces de jardins,* à cause
du développement de leurs cuisses de derrière qui les
rend propres au saut.

Les CLAVIPALPES, famille peu nombreuse, qui tirent
leur nom de leurs palpes en massue. Ils vivent dans
les champignons qui croissent sur les vieux troncs.

Les coléoptères *trimères*, qui se caractérisent par leurs tarses de trois articles, ont, pour la plupart, le corps hémisphérique comme ceux dont nous venons de nous occuper. On les divise en trois familles : les APHIDIPHAGES, les FONGICOLES et les PSÉLAPHIENS.

Les APHIDIPHAGES, ainsi nommés parce qu'ils se nourrissent de pucerons (*aphis*), ne renferment que deux genres, dont le plus remarquable est celui des *coccinelles*, vulgairement appelées *bêtes à bon Dieu* ou *bêtes de la Vierge*, et qui sont remarquables par leurs couleurs variées. Leurs pattes et leurs antennes sont très-courtes ; leurs élytres bombées, s'adaptant exactement par leur bord interne, forment comme une coquille sous laquelle ils s'abritent comme les tortues, d'où le nom de *scarabées-tortues* qui leur a été donné, de même qu'aux cycliques.

Les FONGICOLES vivent sur les champignons ou sous les écorces d'arbres.

Les PSÉLAPHIENS diffèrent de tous les autres trimères par leur forme allongée et par la brièveté de leurs élytres, ne recouvrant guère que la moitié de l'abdomen, ce qui les fait ressembler aux brachélytres.

XXVIᵉ LEÇON.

SUITE DES INSECTES. ORTHOPTÈRES, HÉMIPTÈRES, NÉVROPTÈRES, HYMÉNOPTÈRES.

Les ORTHOPTÈRES diffèrent des coléoptères en ce que leurs élytres, moins dures, ne se touchent qu'imparfaitement, sont le plus souvent couchées en toit sur le dos, et en ce que les ailes membraneuses sont pliées en éventail dans le sens de leur longueur. Leur bouche, comme celle des coléoptères, est organisée pour le broiement ; mais le palpe maxillaire interne a la forme d'une espèce de casque qui recouvre la mâchoire et qu'on nomme *galète* (*galea, casque*). Leur corps est généralement allongé, quelquefois presque linéaire ; leur tête est grosse, leurs antennes sont longues et filiformes, leurs yeux très-gros, et ils ont ordinairement deux ou trois stemmates. Leur thorax est presque toujours bien séparé de l'abdomen ; leur prothorax est large et de forme plus ou moins bizarre. Quelquefois ils manquent d'élytres. Ils ont les pattes longues, et certaines espèces ont celles de derrière plus longues que les autres, ce qui les rend propres au saut. Assez souvent leur abdomen, allongé, se termine par une tarière. Ils enveloppent leurs larves dans un cocon ; ces larves diffèrent peu de l'insecte parfait. Les orthoptères sont tous terrestres, et se nourrissent en général de substances végétales. On les divise en deux familles : les COUREURS et les SAUTEURS.

Les COUREURS se distinguent en ce qu'ils ont les pieds égaux et propres à la marche. Les quatre genres qui composent cette famille diffèrent, au reste, beaucoup entre eux ; ce sont : les *forficules* ou *perce-oreilles*,

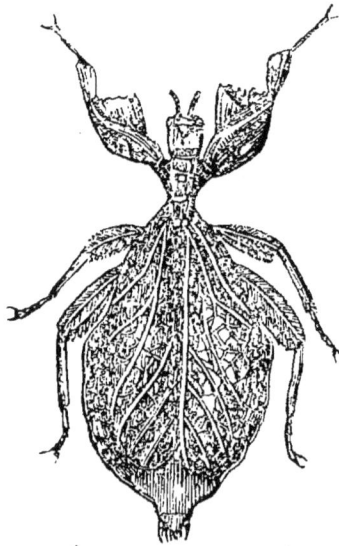

Fig. 224. Phyllie feuille sèche.

remarquables par les deux prolongements écailleux
qui forment une espèce de tenaille (*forficula*) à l'extrémité postérieure de leur abdomen ; les *blattes*, dont la
forme est ovale ou ronde, et qui courent avec rapidité,
en se tenant dans les fentes des planchers ; les *mantes*
et les *spectres* (fig. 224), remarquables par leurs formes bizarres.

Les SAUTEURS se font remarquer par la longueur de
leurs pattes postérieures, et le bruit monotone que
produit le mâle par le frottement de ses élytres l'une
contre l'autre ou contre les cuisses. On divise cette
famille en trois genres, qui ont entre eux beaucoup
d'analogie : les *grillons*, les *sauterelles* et les *criquets*.

Les *grillons,* reconnaissables à leurs élytres placées
horizontalement, se divisent en deux sous-genres : la
courtilière, dont une espèce est appelée *taupe-grillon* à
cause de la conformation de ses pattes de devant pour
creuser et couper, et qui font tant de dégâts dans les
jardins ; le *grillon,* appelé vulgairement *cricri,* dont
chacun connaît le cri monotone et la timidité, qui fait
qu'on ne l'aperçoit pas facilement.

Les *sauterelles* ont les élytres en toit, les antennes
aussi longues que le corps, et quatre articles aux tarses. Elles aiment le soleil, et font entendre leur cri le
plus bruyant lorsqu'il est dans tout son éclat.

Les *criquets* (fig. 225) ont aussi les élytres en toit ;
leurs antennes sont
toujours plus courtes
que le corps. Leur
voracité, jointe à leur
fécondité excessive,

Fig. 225. Criquet.

les rend très-redoutables pour les campagnes. L'espèce
voyageuse, appelée *sauterelle de passage,* et qui vole

par nuées immenses, est célèbre par ses dévastations dans les campagnes où elle s'abat.

Le nom des HÉMIPTÈRES vient de ce que certains des insectes de cet ordre ont des ailes demi-coriaces et demi-membraneuses ; mais c'est le petit nombre, et les véritables caractères des hémiptères doivent se tirer de la conformation de la bouche en *bec* ou *rostre*, consistant en une gouttière formée par la languette, et dans laquelle se meuvent quatre soies grêles, qui servent à percer l'écorce des végétaux ou la peau des animaux. Leur tête est petite, sauf chez les cigales, et leurs antennes sont généralement courtes. Leur corps est le plus souvent ovale, et ils ont un corselet rétréci en avant. Quant aux ailes, les uns n'en ont pas, les autres en ont quatre, tantôt toutes membraneuses, tantôt partie membraneuses et partie coriaces. Certaines espèces sont parasites. Les hémiptères ne subissent pas de véritables métamorphoses. On les divise en deux sous-ordres : les *hétéroptères,* qui ont les élytres dures à leur base et membraneuses à leur extrémité, et les *homoptères,* qui ont les ailes de consistance uniforme dans toute leur étendue, et dont certaines espèces restent toute leur vie sans ailes.

Les *hétéroptères* se partagent en deux familles : les

Fig. 226.

Punaise.

GÉOCORISES (*punaises terrestres*), auxquelles appartient la *punaise* (fig. 226), ce parasite si incommode, remarquable par l'aplatissement extrême de son corps et l'odeur désagréable qu'il exhale quand on le touche ; les HYDROCORISES (*punaises d'eau*), qui ont leurs tarses aplatis ou garnis de poils, favorables à la natation, et qui, habitant les eaux, se nourrissent de petits insectes ou sucent le sang des animaux aquatiques.

Les *homoptères* se divisent aussi en deux familles : les CICADAIRES, dont la cigale (*cicada*) est le type, et les APHIDIENS, qui tirent leur nom de *aphis, puceron*.

Les CICADAIRES forment une famille nombreuse caractérisée par les tarses de trois articles, les antennes petites et en pointe très-fine, les élytres toujours un peu plus consistantes que les ailes, et le corps terminé par une tarière pour la ponte. C'est à cette famille qu'appartiennent les *cigales* (fig. 227), si connues par leur chant monotone, produit par un appareil particulier placé dans l'abdomen et consistant en membranes que l'insecte tend et détend ; les *cicadelles*, qui ne

Fig. 227. Cigale.

chantent point, sautent avec beaucoup d'agilité, et dont une espèce, appelée *cercope*, exhale une liqueur assez semblable à de la salive écumeuse, qui la cache sur la plante dont elle se nourrit ; les *fulgores*, reconnaissables à la saillie considérable de leur front, et dont une espèce, appelée *porte-lanterne*, appartenant à l'Amérique-Méridionale, brille, pendant la nuit, d'un éclat phosphorescent très-intense.

Les APHIDIENS se distinguent à la petitesse de leur taille, à leurs tarses d'un ou de deux articles, et à ce que leurs élytres, lorsqu'ils en ont, diffèrent très-peu des ailes membraneuses. Cette famille comprend deux genres : les *pucerons* et les *cochenilles*.

Les *pucerons* (fig. 228) sont remarquables en ce qu'ils passent leur vie pour ainsi dire sans se mouvoir, sur les feuilles dont ils extraient les sucs et où ils déterminent des excroissances, et en ce que les femelles produisent des petits vivants pendant la belle saison et des œufs à

Fig. 228. Puceron.

Fig. 229. l'approche des froids. Les *cochenilles* (fig. 229)

Cochenille.

se distinguent des pucerons en ce qu'elles n'ont qu'un article aux tarses, tandis que les pucerons en ont deux. Une espèce qui vit sur le cactus appelé *nopal*, dans l'Amérique-Méridionale, fournit la magnifique couleur rouge dont on fait le *carmin*, l'*écarlate*, le *cramoisi*.

Dans l'ordre des NÉVROPTÈRES, les ailes, toujours au nombre de quatre, sont formées d'un réseau très-fin de nervures. Leur corps est allongé, de consistance molle, quelquefois terminé par une tarière; la tête est grosse, les antennes sont presque toujours sétacées, généralement longues. La bouche de ces insectes est conformée pour le broiement, et la plupart sont carnassiers. Leurs métamorphoses sont tantôt complètes et tantôt incomplètes. On les divise en trois familles : les SUBULICORNES, les PLANIPENNES et les PLICIPENNES.

Les SUBULICORNES, dont le nom vient de leurs antennes pointues comparées à des alènes, comprennent deux genres : les *libellules* ou *demoiselles*, qui se font remarquer par leurs couleurs tendres et variées, sont carnassières, ont les ailes égales, les mâchoires dures et cornées, les tarses trimères, et l'abdomen terminé par un appendice en crochet ou en feuillet; les *éphémères*

Fig. 230. Ephémère.   Fig. 231. Fourmi-lion.

(fig. 230), ainsi nommées parce qu'elles ne vivent que quelques heures, jamais plus d'un jour.

Les PLANIPENNES ont les ailes couchées horizontalement, les antennes longues ou claviformes, et l'abdomen ordinairement dépourvu de filets ou d'appendices. La plupart vivent en société comme les fourmis, et proviennent de larves carnassières. Parmi les genres de cette famille, nous citerons le *fourmi-lion* (fig. 231), dont la larve fait une guerre redoutable aux fourmis, qu'elle attend dans une fosse creusée avec art dans le sable (fig. 232). Nous citerons encore les *termès* ou

Fig. 232. Larve du fourmi-lion.   Fig. 233. Termès.

termites (fig. 233), insectes des contrées équatoriales, qui se construisent de véritables huttes de dix à douze pieds de haut, où ils vivent au nombre de plus de soixante mille, et qui font de très-grands dégâts.

Les HYMÉNOPTÈRES, ordre nombreux, ont quatre ailes membraneuses, à nervures longitudinales, et dont les supérieures sont toujours plus grandes que les inférieures. Leur mâchoire et leur lèvre inférieure forment une espèce de trompe appelée *promuscide,* pour pomper les sucs végétaux. Leur tête, ordinairement grosse et séparée du thorax par un étranglement en forme de cou, porte deux yeux gros et accompagnés de trois ocelles. Leur corps est ovale ; leur abdomen, ordinairement séparé du corselet par un étranglement,

se termine, chez les femelles, par un aiguillon ou une
tarière. Leurs métamorphoses sont complètes. Certaines
espèces vivent en sociétés nombreuses. On divise les
hyménoptères en deux sous-ordres : les *térébrants* et
les *porte-aiguillon*, suivant qu'ils ont une tarière, destinée à percer, ou un aiguillon qui leur sert d'arme.

Les *térébrants*, qui ne vivent pas en société comme
les porte-aiguillon, se font remarquer par l'instinct
avec lequel ils pourvoient aux besoins de leur postérité.
On les divise en deux familles : les PORTE-SCIE, qui
vivent de substances végétales, et les PUPIVORES, qui
sont carnassiers. C'est à ces derniers qu'appartiennent
les *ichneumons*, dont les larves se développent dans le
corps des chenilles, où la femelle introduit ses œufs,
et les *cynips*, dont une espèce produit sur le chêne
l'excroissance appelée *noix de galle*.

Les *porte-aiguillon* ont constamment l'abdomen relié
au thorax par un étranglement, qui est quelquefois
très-long. L'abdomen est composé de sept anneaux
chez le mâle et de six chez la femelle. Le nombre des
articles des antennes est constamment de treize chez
le mâle et de douze chez la femelle, ce qui achève de
les distinguer des pupivores avec lesquels ils ont une
certaine ressemblance de forme. Leur aiguillon, de
même que la tarière des térébrants, n'existe que chez
la femelle. La plupart vivent en sociétés nombreuses,
où l'on distingue les mâles, les femelles, et les *ouvrières*
ou *neutres*. On divise les porte-aiguillon en quatre
familles : les MYRMÉGES, les FOUISSEURS, les DIPLOPTÈRES
et les MELLIFÈRES.

Les MYRMÉGES tirent leur nom de celui de la *fourmi*
(en grec *myrmex*), dont la demeure, appelée *fourmilière*,
ressemble à une ville où règnent l'ordre et la discipline.

Les fourmis sont remarquables par leur activité, ainsi que par le soin avec lequel les ouvrières nourrissent et défendent les larves, qui sont enveloppées dans des espèces de cocons appelés vulgairement *œufs de fourmis*. Les mâles seulement sont ailés.

Les FOUISSEURS sont ainsi appelés parce que l'espèce la plus anciennement connue dépose ses œufs dans un petit trou creusé dans le sable. Ils se distinguent par leur forme élancée et la longueur de l'étranglement qui unit le thorax à l'abdomen. Les mâles et les femelles sont également ailés. Ces insectes n'ont pas, comme les abeilles, de poils garnissant les tarses pour cueillir le pollen des fleurs. Parmi eux nous citerons les *sphèges*, remarquables par la sollicitude de la femelle pour sa postérité.

Les DIPLOPTÈRES, ainsi nommés parce que leurs ailes supérieures sont plissées longitudinalement, ne comprennent que le genre *guêpe*, qui ressemble aux abeilles, mais qui, outre les caractères que nous venons de citer, s'en distingue par le corps moins velu et les antennes en massue. La plupart des espèces vivent en société, se construisant une demeure composée de tubes accolés, et que l'on désigne sous le nom de *guêpier :* ces tubes sont composés de matières végétales mâchées et réduites en une sorte de carton. Le guêpier est tantôt suspendu aux branches d'un arbre, tantôt caché dans la terre.

Les MELLIFÈRES sont les plus remarquables de tous les insectes de l'ordre des hyménoptères, par l'excellence de leurs produits qui sont le *miel* et la *cire*. On désigne leurs diverses espèces sous le nom *d'abeilles*. Au premier rang, nous trouvons les *abeilles* proprement dites (fig. 234), qui vivent en sociétés immenses et se construisent, dans le creux des arbres ou des rochers, des demeures réellement admirables, appelées *ruches*. Elles commencent par enduire d'une substance grasse appelée *propolis* l'intérieur de la cavité; puis elles construisent avec une autre substance, qui

Fig. 234.

Abeille ouvrière. est la *cire,* des *rayons* qui ressemblent assez bien à des gaufres, et sont creusés de cavités ou *alvéoles* dans lesquelles elles déposent le miel, destiné à nourrir les larves. C'est dans ces alvéoles que la femelle, appelée *reine,* dépose ses œufs, qui ont chacun leur alvéole particulière. La reine habite un compartiment beaucoup plus considérable que les autres, appelé *cellule royale.* Les abeilles élaborent le miel et la cire avec le pollen qu'elles recueillent dans les fleurs, et qu'elles emportent à l'aide de leurs tarses postérieurs, dont le premier article est élargi en palette, disposition qui distingue les mellifères de tous les insectes connus.

Les femelles des abeilles sont très-peu nombreuses, de là le nom de *reines*; les mâles, plus nombreux, sont appelés vulgairement *bourdons.* Les ouvrières sont en nombre immense; les larves qui les produisent éclosent trois jours après que l'œuf a été pondu, et neuf jours après, rompant leur enveloppe, elles prennent part aux travaux. Les œufs des mâles et des femelles se développent beaucoup plus lentement.

Lorsque la ruche n'est plus assez grande, une partie de ses abeilles, formant un *essaim,* sort sous la conduite d'une reine, et se met à la recherche d'un emplacement pour y construire une ruche nouvelle.

Nous citerons encore comme appartenant à la famille des mellifères les *bourdons,* qu'il ne faut pas confondre avec les mâles des abeilles aussi appelés de ce nom, et qui forment des sociétés beaucoup moins nombreuses, habitant un trou dans la terre et préparant une boule de miel dans laquelle la femelle dépose ses œufs, qui se développent promptement. Les *andrènes*, autre genre de la même famille, vivent solitaires et n'ont que des mâles et des femelles, sans ouvrières.

XXVIIe LEÇON.

SUITE ET FIN DES INSECTES. ORDRES DES LÉPIDOPTÈRES, DES RHIPIPTÈRES, DES DIPTÈRES ET DES HOMALOPTÈRES.

Les LÉPIDOPTÈRES ou papillons, qui tirent leur nom des écailles farineuses dont sont recouvertes leurs ailes, ordinairement très-développées, se distinguent, en outre, par leur trompe ou langue roulée en spirale, à l'aide de laquelle ils pompent le suc des fleurs, et qui n'est visible que pendant qu'ils s'en servent. Leur corps est allongé ou ovale, leur tête bien distincte; les facettes de leurs yeux sont en nombre immense, on en a compté jusqu'à vingt-sept mille. Leurs antennes, plus longues que la tête et le thorax réunis, sont tantôt filiformes, tantôt sétacées, souvent terminées en massue. Le thorax, ordinairement ovale, offre, entre les deux ailes, un écusson. Les ailes sont simplement veinées, non réticulées; la paire antérieure est plus grande et plus belle que la postérieure. Les pattes, généralement longues et très-grêles, se terminent par un tarse de cinq articles. L'abdomen, attaché au thorax par un pédicule court, est plus ou moins allongé, cylindrique chez les espèces diurnes, conique ou ovale chez les crépusculaires et les nocturnes. Ils vivent du suc des fleurs, ou de matières animales en décomposition. Leurs métamorphoses sont complètes.

Leurs larves, portant le nom de *chenilles* (fig. 235-242), ont, outre les six pattes à crochets qui répondent à celles de l'insecte parfait, quatre à dix pieds membraneux. Celles qui n'ont que dix pattes avancent en attirant en avant la partie postérieure de leur corps, qu'elles plient en arc de cercle, puis redressant le corps et portant la partie antérieure en avant; c'est ce qui les a fait nommer *géomètres* ou *arpenteuses* (fig. 237). Les chenilles sont très-voraces, et leur bouche, armée de mandibules cornées, est apte à broyer les matières solides. Elles se filent un cocon au moment de se changer en nymphe, qui prend le nom de *chrysalide*. Au bout de quelques jours, le papillon est formé et brise le cocon, puis ne vit que très-peu de temps et meurt après avoir déposé ses œufs.

L'ordre des lépidoptères se divise en trois familles : les DIURNES, qui se montrent pendant que le soleil est dans tout son éclat; les CRÉPUSCULAIRES, qui sortent le matin avant le lever du soleil et le soir après son coucher; les NOCTURNES, qui volent lorsque la nuit est tombée.

Les DIURNES (fig. 243-246) ont les couleurs les plus brillantes, les formes les plus légères et les plus élégantes, les mouvements les plus agiles. Au repos, ils ont les ailes toujours relevées, prêtes à prendre leur essor. Leurs antennes se terminent en massue, et leur trompe, allongée, atteint facilement le fond de la corolle des fleurs. Leurs chenilles ont toujours seize pattes. On a divisé cette famille en une trentaine de genres, dont les caractères, difficiles à saisir, sont

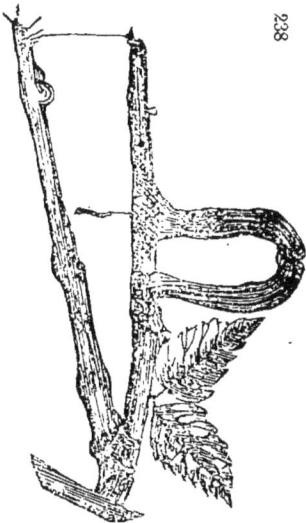

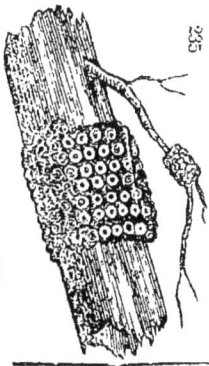

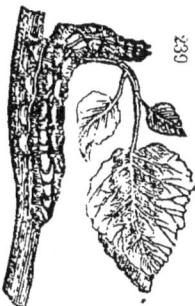

235. Œufs de lépidoptère.
236. Chenille du sphinx atropos.
237. Chenille du pigarra bucephala.
238. Chenille de l'acana sambucaria.
239. Chenille du phlogophora meticulosa.
240. Chenille de l'ennomos crataegata.
241 et 242. Chenille du cerura vinula.

basés sur la conformation des jambes et des pattes.
Parmi ces genres, nous citerons les *papillons* et les

Fig. 243. Machaon.

Fig. 244. Paon de jour.

Fig. 245. Nymphale.

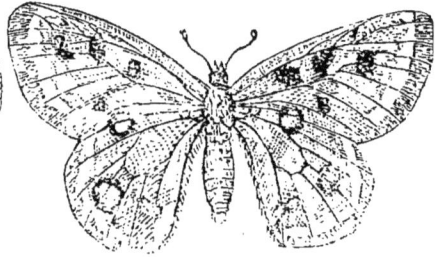

Fig. 246. Apollon.

argus. Les *papillons*, qui comprennent les lépidoptères
les plus grands et les plus remarquables, surtout dans
les régions équatoriales, ont le bord abdominal de leurs
ailes inférieures plus ou moins échancré, ce qui fait
qu'elles se terminent souvent par une espèce de queue.
Leurs chenilles sont nues, allongées, cylindriques,
et font sortir, lorsqu'on les inquiète, une corne molle
et fourchue de la partie supérieure de leur cou,
répandant ordinairement une odeur désagréable. Leurs
chrysalides sont anguleuses, se tiennent à découvert,
et se suspendent non-seulement par la queue, mais
encore par le milieu du corps. C'est à ce genre qu'appartiennent le *machaon* ou *grand porte-queue*, le *vanesse*

ou paon de jour, le *podalire* ou *flambé*, l'*alexanor*, l'*apollon*, le *phœbus*, l'*apolline* ou *petit apollon*, etc. Les *argus* comprennent un grand nombre d'espèces de petite taille, qui tirent leur nom du grand nombre de taches, pareilles à des yeux, que portent leurs ailes, et dont la chenille est beaucoup moins allongée que celle des papillons, la chrysalide courte, contractée et suspendue par un fil qui la traverse de part en part.

Les CRÉPUSCULAIRES (fig. 247), dont les formes sont plus lourdes et les couleurs moins vives, quoique offrant un velouté agréable à la vue, se distinguent, en outre, à ce que leurs ailes, au lieu d'être dressées lorsque l'insecte

Fig. 247. Sphinx atropos, ou tête de mort.

ne vole pas, sont couchées horizontalement, parce que les inférieures ont une épine qui s'engage dans un crochet des supérieures. Ils se distinguent des nocturnes par leurs antennes renflées au milieu ou à l'extrémité, tandis que ces derniers les ont en forme de fils ou de soies. Leurs chenilles, qui sont nues ou peu velues, ont toujours seize pattes. Leurs chrysalides n'offrent ni pointes ni angles, et elles se tiennent ordinairement dans une coque ou cachées dans une retraite. Quoique les espèces crépusculaires soient très-nombreuses, elles ont tant d'analogie entre elles, qu'on les désigne sous le nom commun de *sphinx*, à cause de l'attitude cambrée que prennent ordinairement leurs chenilles (fig. 235). Ces chenilles ont, en général, le

corps ras, allongé, et portent une corne dorsale à l'extrémité postérieure, plus renflée que l'antérieure ; leurs
flancs sont marqués de raies obliques ou longitudinales. Il est des espèces de sphinx qui passent l'hiver
à l'état de chrysalide, et quelques-unes vivent deux ou
trois ans. .

Les NOCTURNES (fig. 248-257) se distinguent des
diurnes à leurs ailes placées horizontalement dans le
repos, comme celles des crépusculaires, et de ces derniers à leurs antennes sétacées. Leurs couleurs sont
ternes, leurs formes et leurs mouvements lourds. Leurs
chenilles ont moins de seize pattes, sont généralement
velues et se filent un cocon. C'est à cette famille qu'appartient le *bombyce* ou *ver à soie* (fig. 256 et 257),

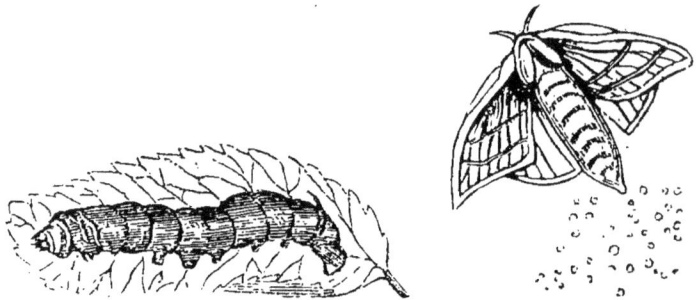

Fig. 256 et 257. Ver à soie et son papillon.

qui vit sur le mûrier blanc et est le plus utile des
insectes par son produit. Originaire de la Chine, il
s'élève fort bien dans les contrées méridionales de
l'Europe. Les œufs éclosent au printemps ; l'insecte,
qui reste à l'état de larve pendant trente-cinq jours,
prend en cet état un grand développement et change
quatre fois de peau. Quand le moment de se trans-
former en chrysalide est arrivé, on place à sa portée
des rameaux de bruyère dans lesquels il file son cocon,
qui est fait au bout de trois jours. On peut alors dévi-
der ce dernier après l'avoir trempé dans l'eau chaude

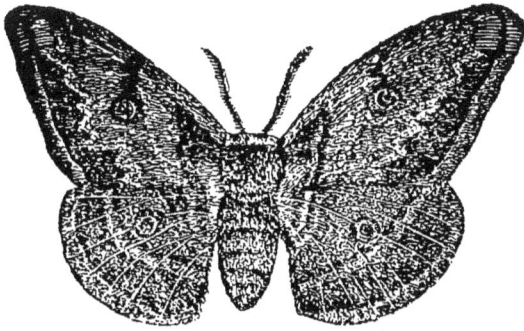

Fig. 248. Paon de nuit.

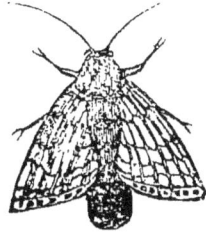

Fig. 249. Sericaria dispar (mâle).

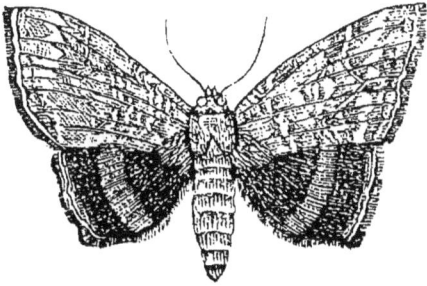

Fig. 251. Cordon bleu (noctua fraxini).

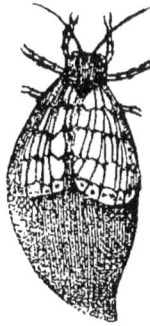

Fig. 250. Sericaria dispar (femelle).

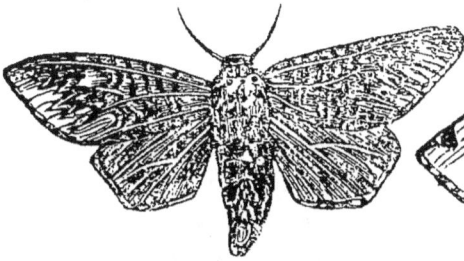

Fig. 252. Cerura vinula.

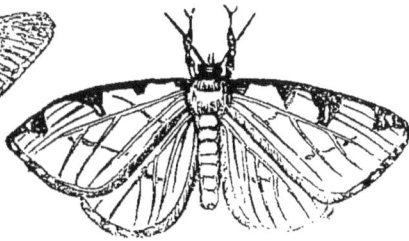

Fig. 253. Ennomos cratægata.

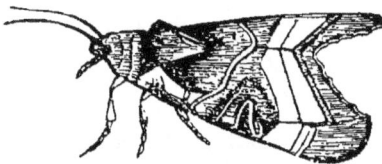

Fig. 254. Phlogophora meticulosa.

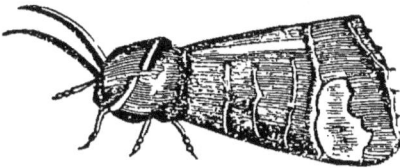

Fig. 255. Pigæra bucephala.

pour décoller le fil, qui a environ neuf cents pieds de long. Nous citerons encore, parmi les lépidoptères nocturnes, les *phalènes*, qui ont le corps grêle, la trompe courte, les ailes larges, le corps toujours nu, et dont les chenilles portent le nom de *géomètres* ou *d'arpenteuses* dont nous avons déjà donné l'explication. Ces chenilles, dans le repos, tiennent leur corps suspendu en ligne droite, d'où le nom de *chenilles en bâton*. Si on les inquiète, elles se laissent tomber d'une certaine hauteur suspendues à leur fil, de sorte qu'on ne les retrouve ni à terre ni sur l'arbre. Les *teignes*, les plus petits lépidoptères connus, qui font tant de dégâts dans les vêtements et dans les magasins de cuirs, appartiennent aussi à la famille des nocturnes.

L'ordre des RHIPIPTÈRES, que nous ne ferons que mentionner en passant, comprend un nombre assez restreint de petits insectes, qui vivent en parasites sur certains insectes de la famille des mellifères.

Les DIPTÈRES, dont la mouche et le cousin nous offrent le type, se reconnaissent à leurs ailes, au nombre de deux et veinées, ainsi qu'à leur bouche en trompe ou suçoir. Leur tête, toujours bien distincte, est tantôt sessile, tantôt portée par un cou ; leurs yeux sont gros et souvent accompagnés de trois ocelles ; leurs antennes sont ordinairement courtes. Le premier segment du thorax forme le cou ; le dernier, l'étranglement qui sépare le thorax de l'abdomen : entre ces deux segments étranglés, le mésothorax ou segment du milieu, bien développé, porte les deux ailes, qui sont triangulaires comme celles des hyménoptères, et couchées horizontalement. Deux appendices, appelés *ailerons* ou *cuillerons*, remplacent les ailes postérieures qui manquent ; au-dessous d'eux se trouvent deux autres appendices nommés *balanciers*. Leurs pattes sont longues, ont des tarses de cinq articles dont le dernier est terminé par deux crochets. L'abdomen est composé de cinq à neuf segments ; les espèces qui n'en ont que cinq ou six ont une tarière formée de plusieurs tuyaux rentrant les uns dans les autres.

Les diptères sont tous terrestres, et se nourrissent de liquides, soit qu'ils les trouvent à découvert, soit qu'ils les extraient des corps en les perçant avec leurs suçoirs. Ils ne vivent guère que quelques jours. Leurs larves n'ont pas de pieds, et ont ordinairement la tête molle, ce qui est propre à cet ordre d'insectes et les oblige à n'user que de nourritures liquides. Elles sont aquatiques, ou se tiennent sur les matières en putréfaction. Quelques-unes se fabriquent un cocon, mais la plupart n'en ont pas, et leur peau est assez dure pour les protéger ; elles ressemblent assez bien alors à un grain de blé. La femelle dépose ses œufs dans des matières animales en putréfaction, ou même sur le corps de certains animaux. On sait combien sont nuisibles pour nos viandes les vers qui s'y mettent par la ponte des mouches. Les diptères ont été divisés en cinq familles : les NÉMOCÈRES, les TABANIENS, les NOTACANTHES, les TANYSTOMES et les ATHÉRICÈRES.

Les NÉMOCÈRES ont les antennes en fil, plus longues que la tête et le corselet réunis, la tête petite avec de grands yeux, le corselet court et comme bossu, l'abdomen allongé, les ailes étroites, les pattes longues et déliées. Ils sont surtout communs vers l'automne, dans les pays de vignobles. Les uns déposent leurs œufs dans l'eau, les autres sur la terre. Cette famille embrasse deux genres nombreux : les *cousins* (fig. 258) et les *tipules*, qui se distinguent des cousins par leur trompe

Fig. 258.

Cousin.

à peine visible et leurs couleurs plus variées. Ce sont les tipules qui se montrent parfois en essaims s'élevant et descendant dans l'air en suivant toujours la direction verticale. Chacun sait combien les cousins nous incommodent par les piqûres de leur longue trompe, notamment en Amérique, où on leur donne le nom de *moustiques*.

Fig. 259. Taon.

Les TABANIENS (fig. 259) se font reconnaître à leurs formes trapues. Les soies qui composent leur suçoir sont ordinairement au nombre de six, et leurs piqûres sont insupportables pour l'homme et pour les animaux. Le genre le plus remarquable est le *taon* (*tabanus*), qui a donné son nom à la famille.

Les NOTACANTHES se distinguent de tous les autres némocères par les épines qui garnissent presque toujours leur écusson. Leur genre le plus important est celui des *stratiomyes* ou *mouches armées*, ainsi appelées à cause de cette espèce d'armure.

Les TANYSTOMES ont la trompe généralement saillante, et toujours composée de quatre pièces. On les divise en deux tribus : les *tanystomes vrais* et les *brachystomes*. Les premiers, qui sont pour la plupart carnassiers et s'attaquent aux insectes, ont la bouche conformée pour percer la peau des animaux et se nourrir de leur sang.

Fig. 260. Asile.

Les plus redoutables sont les *asiles* (fig. 260), qui incommodent beaucoup les bestiaux. Quant aux *brachystomes*, qui se reconnaissent à la brièveté et à la nature membraneuse de leur trompe, terminée par deux lèvres épaisses, la plupart se nourrissent du suc des fleurs, ou des liquides puisés sur des cadavres en putréfaction. Nous citerons, parmi les genres de cette tribu, les *leptes*, dont une espèce, appelée *vertion*, est remarquable en ce que sa larve fait aux insectes une guerre analogue à celle du fourmi-lion, à l'aide d'un trou creusé dans le sable.

Les ATHÉRICÈRES ont, comme la mouche commune qui en est le type, une trompe courte et rétractile ne renfermant que deux pièces cornées. Elles se nourrissent du suc des fleurs, des matières animales en putréfaction, du sang des animaux. Leurs larves vivent dans l'eau, dans les immondices, dans les nids des abeilles. Cette famille comprend deux genres principaux : les *mouches* et les *œstres*.

Le genre *mouche* (fig. 261), qui comprend des milliers d'espèces, est répandu partout, et nous avons continuellement occasion de voir ces insectes voler en bourdonnant, marcher avec rapidité sur les meubles, les plafonds et les glaces, en s'attachant aux aspérités par les crochets, aux corps polis par les pelotes de leurs tarses, faisant l'office de ventouses. Leurs larves, sous le nom de *vers* ou *d'asticots*, corrompent souvent nos viandes et nos diverses provisions.

Fig. 261.

Mouche domestique.

Les *œstres* ressemblent à de grosses mouches velues, dont les ailes sont écartées dans le repos, et qui n'ont qu'un rudiment de trompe. Ils déposent leurs œufs sur le corps des grands quadrupèdes, en perçant la peau avec un aiguillon situé à l'extrémité postérieure de leur abdomen.

Chez les HOMALOPTÈRES, qui forment le douzième et dernier ordre des insectes, les deux soies qui forment le suçoir, au lieu d'être contenues dans une trompe, sont simplement maintenues par deux valves depourvues de lèvres. Les antennes ne sont que d'un seul article; les ailes, dans quelques espèces, sont rudimentaires ou nulles. Les homaloptères sont aussi nommés *pupipares*, parce qu'ils conservent leurs œufs dans leur abdomen jusqu'à ce qu'ils soient transformés en nymphes, qui n'ont plus qu'à percer leur peau au moment de leur naissance. Ils sont tous parasites, et vivent sur le corps des mammifères et des oiseaux, qu'ils tourmentent beaucoup. Cet ordre ne comprend que deux genres, dont le plus remarquable est celui des *hippobosques*, (fig. 262), qui s'attaquent surtout aux chevaux, sur lesquels ils se réunissent en troupes nombreuses, mais qu'ils piquent moins violemment que les œstres, n'ayant pas à déposer leurs œufs dans la peau de ces animaux.

Fig. 262. Hippobosque.

XXVIII° LEÇON.

MOLLUSQUES. NOTIONS GÉNÉRALES. CÉPHALOPODES, PTÉROPODES, GASTÉROPODES, CYCLOBRANCHES.

Les *mollusques*, que certains naturalistes placent avant les animaux articulés, à cause de la ressemblance de leurs organes digestifs et circulatoires avec ceux des vertébrés, tirent leur nom de la mollesse de leur corps, qui n'a ni squelette intérieur comme celui des vertébrés, ni cette suite de segments qui forme aux articulés un squelette extérieur. Leur corps est recouvert d'une peau molle et muqueuse, qui souvent l'enveloppe comme un *manteau* et prend alors ce nom. Dans l'épaisseur ou à la surface de cette peau, se développe, chez la plupart, une matière calcaire appelée *coquille*. De là le nom de *coquillages,* appliqué à la majeure partie des mollusques. La coquille peut être formée d'une seule pièce; on la dit alors *univalve,* comme, par exemple, dans l'escargot. Si elle a deux pièces, comme dans l'huître et la moule, on l'appelle *bivalve.* Dans certains mollusques peu importants, comme l'anatife, elle offre un plus grand nombre de valves et est dite alors *multivalve.*

Un grand nombre de mollusques n'ont pas de tête ; aucun n'a de membres articulés. Leur corps a des formes peu déterminées, ce qui est dû non-seulement au manque de squelette, mais encore aux mouvements qu'impriment dans tous les sens, à leur peau ou manteau, les muscles qui s'y attachent à l'intérieur. Cette peau forme, chez les uns, des bras ou *tentacules* qui saisissent les objets extérieurs; chez d'autres, des espèces d'ailes destinées à nager ; chez d'autres encore, un pied charnu pour ramper sur la terre ou au fond de l'eau. Dans certains cas, elle forme un long tube contractile qui meut le corps en établissant un mouvement du liquide dans lequel il plonge.

Aucun mollusque ne possède au complet les appareils des sens. L'ouïe n'existe que dans une petite classe ; l'œil, quoique plus répandu, manque chez la majorité ; on ne sait où siége le sens de l'odorat. Le centre ner-

veux appelé cerveau, chez les mollusques, entoure l'entrée du canal digestif. Leur bouche n'est souvent
qu'une simple ouverture; mais quelquefois elle est
garnie de corps durs servant à broyer les aliments. Ils
ont des veines, des artères et un cœur, quelquefois
simple, quelquefois double. La respiration, chez les
mollusques, s'opère tantôt par un poumon tantôt par
des branchies, suivant que le mollusque habite la terre
ou les eaux.

La plupart des mollusques habitent la mer. Ceux
qui se tiennent près du rivage ont un *pied* pour ramper, et une coquille épaisse pour ne pas être brisés
contre les rochers. Ceux qui habitent la haute mer ont
des ailes ou nageoires, et ne possèdent, en général,
qu'une coquille légère.

Les animaux de cet embranchement ont été divisés
en cinq classes : 1° les *CÉPHALOPODES*, ainsi nommés à cause des pieds ou tentacules qui entourent leur
bouche; 2° les *PTÉROPODES*, qui ont, au lieu de
pieds, des espèces de nageoires ou ailes placées de chaque côté du cou; 3° les *GASTÉROPODES*, ainsi nommés parce que le *pied* ou disque charnu sur lequel ils
rampent est situé sous leur ventre, comme on le voit
chez le limaçon; 4° les *ACÉPHALES* ou mollusques
dépourvus de tête, comme la moule, l'huître et autres
coquillages du même genre; 5° les *CIRRHOPODES*,
dont le nom vient de ce qu'ils ont des espèces de membres cornés.

Les mollusques de la classe des *CÉPHALOPODES* ont
une tête bien distincte, des yeux ronds très-grands,
des oreilles analogues à celles des poissons, deux mâchoires cornées ressemblant au bec d'un perroquet, une
langue hérissée de pointes cornées. Les bras ou tenta-

cules qui leur ont fait donner leur nom, sont rangés en couronne autour de leur bouche ; toute la surface de ces membres est garnie de suçoirs ou ventouses qui leur permettent de se fixer aux corps, et de saisir avec force leur proie. Ils respirent par des branchies. Le manteau est fermé de toutes parts excepté en avant, où se trouve une grande poche appelée *entonnoir,* qui laisse passer la tête et les bras : c'est dans l'entonnoir que s'ouvrent le conduit qui mène l'eau aux branchies, celui qui rejette au dehors les excréments, et enfin celui qui donne issue à la liqueur noire que les céphalopodes répandent autour d'eux pour se rendre invisibles lorsqu'ils sont poursuivis. Ils sont carnassiers, nagent avec beaucoup de rapidité et poursuivent leur proie, ou se mettent en embuscade pour la saisir au passage. Presque tous ont une coquille, et ceux qui ne l'ont pas extérieurement en ont un rudiment intérieur. On divise cette classe en deux familles : les SÉPIAIRES, qui n'ont qu'un rudiment de coquille ou une coquille d'une seule loge, et les NAUTILACÉS, dont la coquille, contournée en spirale, est divisée en plusieurs chambres.

Les SÉPIAIRES sont des mollusques de grande taille, tous marins, très-carnassiers, fournissant une chair bonne à manger et une encre estimée pour la peinture. Les uns se traînent au fond de l'eau dans le voisinage des rivages ; les autres, plus agiles, fréquentent la haute mer. On les divise en quatre genres : les *poulpes,* les *argonautes,* les *calmars* et les *seiches.*

Les *poulpes* (fig. 263), qui ont huit tentacules à peu près égaux et la coquille réduite à deux grains coniques placés dans l'épaisseur de la peau du dos, se tiennent près des côtes, où la puissance de leurs bras est redou-

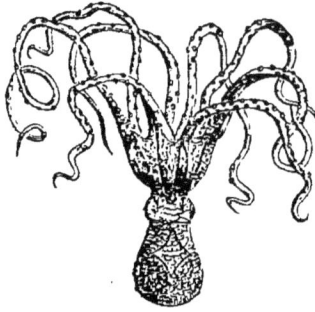
Fig. 263. Poulpe.

table pour les poissons et les crustacés, quelquefois même pour les nageurs. Le *poulpe commun* a deux pieds de diamètre et des pieds six fois aussi longs que le corps. Les *argonautes*, qui ressemblent beaucoup aux poulpes, sont renfermés dans une belle coquille nacrée. Toujours en pleine mer, on les voit quelquefois voguer comme un navire pendant les temps calmes, en déployant en manière de voiles leurs tentacules élargis. Les *calmars (calamarium, encrier)* ont deux de leurs dix tentacules beaucoup plus longs que les huit autres, et terminés par une ventouse assez large; leur manteau forme, en arrière, deux espèces de nageoires. Les *seiches* ressemblent aux calmars, mais leurs nageoires s'étendent, de chaque côté, sur toute la longueur du corps. On recherche leur encre et leur chair. Leur coquille ovale et calcaire, appelée *os de seiche*, sert à polir certains ouvrages ; on la suspend dans les cages des oiseaux, qui y aiguisent leur bec.

Les NAUTILACÉS, beaucoup moins nombreux que les sépiaires, sont surtout intéressants par leurs espèces fossiles, formant trois genres principaux : les *ammonites*, dont la coquille est roulée en *corne d'ammon;* les *bélemnites*, qui l'ont allongée et droite *(belos, trait);* les *nummulites*, qui ressemblent à une pièce de monnaie *(nummus).* Parmi les espèces vivantes, nous citerons le *nautile*, dont la coquille ressemble un peu à celle de l'argonaute, mais s'en distingue en ce qu'elle présente plusieurs cavités.

Les *PTÉROPODES*, classe peu intéressante, abon-

dent dans les mers du nord.
Ils n'ont pas de coquille ou
n'en ont qu'une très-faible.
Les principaux genres de
l'unique famille de cette
classe, sont les *hyales* (fig.
264), qui doivent leur nom
à leur transparence, et les
clios (fig. 265), dont les
baleines font leur principale nourriture.

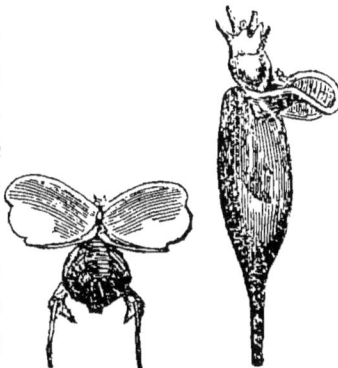

Fig. 264. Hyale.   Fig. 265. Clio.

Les *GASTÉROPODES*, classe remarquable dont l'escargot est un type, rampent à l'aide d'un disque charnu
situé sous leur ventre et appelé *pied*. Ils ont une tête
distincte, qui porte ordinairement de deux à six tentacules en forme d'antennes, paraissant très-sensibles.
La plupart ont des yeux, qui quelquefois sont placés à
l'extrémité des tentacules. La bouche, toujours placée
à la partie inférieure de la tête, est tantôt conformée
en trompe, tantôt présente des mâchoires cornées.
L'anus est placé à droite derrière la tête. Les uns respirent par une sorte de poumon, les autres par des
branchies. Leur coquille est toujours univalve et ressemble à celle des nautiles et des argonautes, avec cette
différence que celle-ci paraît formée d'un cône tourné
en spirale sur un même plan, tandis que, dans l'escargot et les autres gastéropodes, ce cône forme des tours
qui s'élèvent les uns au-dessus des autres comme ceux
d'un escalier.

Dans ce genre de coquille, qui est d'ailleurs très-
variée dans sa forme (fig. 266), on distingue la *spire*,
qui loge l'animal, et l'*ouverture*, qui laisse passer la
tête et le pied. L'ouverture, plus longue que large,

Fig. 266. Coquilles de gastéropodes.

présente deux extrémités et deux côtés : l'extrémité postérieure se nomme *base;* celui des côtés sur lequel s'enroule la spire, s'appelle *columelle;* l'autre s'appelle simplement *bord*. L'ouverture présente ordinairement soit un canal, soit une échancrure particulière, pour laisser passer le tube respiratoire.

Parmi les ordres dont se compose la classe des gastéropodes, nous citerons les DERMOBRANCHES, les PULMONÉS, les PECTINIBRANCHES et les CYCLOBRANCHES.

Les **DERMOBRANCHES** tirent leur nom de leurs branchies visibles à l'extérieur. Leur coquille, dont la spire est à peine marquée, présente une ouverture très-large. Tous habitent les eaux salées; la plupart vivent dans la haute mer. Parmi les genres compris dans les trois familles principales de cet ordre, nous citerons les *doris*, reconnaissables à la position de leurs branchies sur le dos, et remarquables par les brillantes couleurs de leur manteau; les *glaucus* (fig. 267), dont les branchies ressemblent à des bouquets de franges pla-

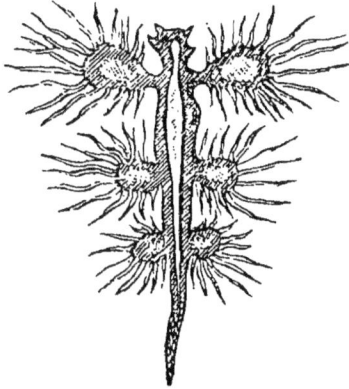

Fig. 267. Glaucus.

cés de chaque côté du corps; les *allantes* et autres coquillages analogues, très-recherchés dans les collections pour leur beauté; les *aplysies*, mollusques nus dont la tête présente quatre tentacules, et qui ont été appelées *limaces de mer*.

Les **PULMONÉS**, contrairement à tous les autres gastéropodes, ne peuvent vivre qu'à l'air libre, leur respiration s'opérant par une cavité où des ramifications artérielles mettent cet air en contact avec le sang, et qui remplit l'office de poumon. Bon nombre d'entre eux, cependant, habitent les eaux peu profondes. Les uns ont une coquille, et leur pied n'existe qu'à la base du cou, qui sort de l'ouverture; les autres ont la peau nue, et se traînent sur un pied qui occupe toute l'étendue du ventre. La coquille de ces mollusques n'a ni l'épaisseur ni la beauté des coquillages marins; son ouverture n'a jamais ni échancrure ni canal. Leur nourriture est exclusivement végétale. On a divisé les pulmonés en deux familles : les LIMACINÉS, comprenant les espèces terrestres, et les LYMNÉENS, comprenant celles qui habitent les eaux.

Les LIMACINÉS, qui ont toujours quatre tentacules, comprennent deux genres : les *limaces* (fig. 268), qui n'ont pas de coquille ou n'en ont qu'une trop petite pour les loger, et les *limaçons*, qui en sont pourvus. Parmi les limaçons, nous citerons l'*escargot des vignes* (fig. 269), dont la chair est bonne à manger.

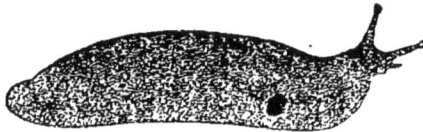

Fig. 268. Limace.

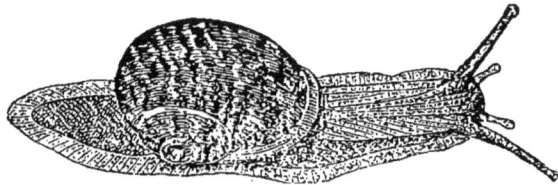

Fig. 269. Escargot.

Les LYMNÉENS n'ont que deux tentacules. Il en est, en petit nombre, qui manquent de coquille ; ce sont les *onchidies*. Les autres en sont pourvus. Nous citerons, parmi les lymnéens, les *planorbes*, ainsi nommés à cause de leur coquille aplatie, et les *lymnées*, qui donnent à la famille leur nom, tiré d'un mot grec qui signifie *étang*.

Les PECTINIBRANCHES forment l'ordre le plus nombreux des gastéropodes ; ils nous offrent les coquillages les plus remarquables par leur beauté et la variété de leurs nuances. Leur coquille est généralement conique et contournée en spirale ; leur pied n'occupe que la partie antérieure de l'abdomen ; leurs branchies, formées de lanières disposées comme les dents d'un

peigne, ce qui leur a fait donner leur nom, communiquent avec l'extérieur soit par un trou, soit par un
siphon qui traverse une échancrure ou un canal de la
coquille. Cet ordre comprend trois familles : les TRO-
CHOÏDES, les BUCCINOÏDES et les SCUTIBRANCHES.

Les TROCHOÏDES (fig. 270), dont le nom
vient de leur forme en toupie, se distinguent à ce que leur cavité branchiale
ne communique au dehors que par un
simple trou ; aussi l'ouverture de leur
coquille est toujours entière, sans échancrure ni siphon. Parmi leurs espèces,
on remarque les *cyclostomes*, les *sabots*,
les *paludines*, etc.

Les BUCCINOÏDES, ainsi appelées du nom
d'un instrument de musique antique

Fig. 270. Troque.

auquel elles ressemblent, se distinguent des précédents
en ce que leur coquille porte une échancrure ou un
canal pour le siphon branchial. Ces mollusques sont
carnassiers et habitent tous la mer. On les divise, vu
leur variété et leur grand nombre, en trois tribus :
les buccinoïdes *enroulées*, *échancrées* et *canaliculées*.
Ces trois tribus comprennent plus de six cents genres.

Les buccinoïdes *enroulées* se distinguent à leur coquille ovale n'ayant presque pas de spire, et dont l'ouverture étroite laisse passer un pied très-mince. On
trouve dans cette tribu deux genres principaux : les
cônes (fig. 271), appelés aussi *cornets*, dont l'ouverture
étroite occupe la longueur entière, et dont la base,
entièrement plane, est formée par la spire, tandis que
le sommet est formé par le dernier tour, disposition
opposée à celle des autres coquilles du même ordre.
Les *porcelaines* (fig. 272) ont une coquille ovale dont la

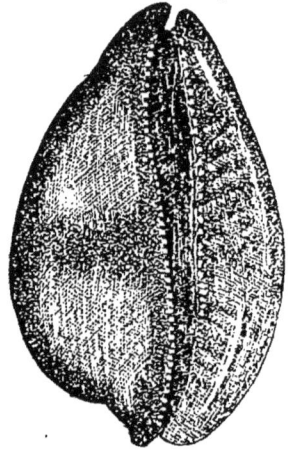

Fig. 271. Cône.   Fig. 272. Porcelaine.

spire est si petite qu'on l'aperçoit à peine. Ils servent quelquefois à faire des tabatières.

Les buccinoïdes *échancrées* tirent leur nom de l'échancrure que leur ouverture porte à sa base pour le passage du siphon respiratoire. La spire est turbinée, et plus ou moins saillante. Elles comprennent trois genres principaux : les *volutes,* les *buccins* et les *pourpres.* Ces derniers sont remarquables par la matière colorante qu'ils contiennent dans un petit sac placé près de l'estomac.

Les buccinoïdes *canaliculées* sont les plus nombreuses. Elles sont ainsi appelées parce que leur ouverture présente, à sa base, un canal au lieu d'une échancrure pour le siphon respiratoire. On distingue, parmi ces coquillages, les *casques,* remarquables par leurs formes bombées en arrière ; les *cérithes,* dont une espèce a seize pouces de long ; les *rochers,* coquilles épaisses très-solides, tirant leur nom des tubercules ou des éminences pointues qui les garnissent ; les *fuseaux,* ainsi nommés à cause de leur forme renflée au milieu et terminée en pointe à son extrémité; les *strombes*, hérissés de tubercules comme les rochers, et remarquables par la dilatation du bord droit, dans lequel un sinus est creusé, près du canal, pour loger la tête.

Les SCUTIBRANCHES sont ainsi appelés parce que leur coquille, à peine turbinée, largement ouverte et souvent aplatie, ressemble plus ou moins à un bouclier; l'eau pénètre librement dans leur cavité. Ils se nourrissent principalement de plantes marines. Cette famille, peu nombreuse, se divise en trois tribus : les *otidés*, dont la coquille rappelle la forme d'une oreille; les *capuloïdes*, qui ne présentent pas, comme ces dernières, des trous dont le dernier formé livre passage au siphon respiratoire; les *patelloïdes*, parmi lesquelles nous citerons les *fissurelles* (fig. 273).

Fig. 273. Fissurelle.

L'ordre des CYCLOBRANCHES ne comprend que le seul genre *oscabrion* fig. 274), qui ressemble à une limace sans tête, et dont le corps est garni de six à dix pièces cornées, imbriquées comme les tuiles d'un toit, qui lui permettent de se mouvoir comme les limaces. Ils vivent dans la mer près des rivages, et se nourrissent de végétaux.

Fig. 274. Oscabrion.

~~~~~~

XXIXe LEÇON.

SUITE DES MOLLUSQUES. ACÉPHALES. CIRRHOPODES.

Les mollusques *ACÉPHALES* se distinguent assez
bien des classes précédentes par le défaut de tête apparente, qui leur a valu leur nom. Ils ont le corps enfermé
dans un manteau ployé en deux comme un livre, et
dont les bords se réunissent souvent en avant de manière à former une espèce de tube ou de sac dans
lequel l'animal se trouve caché, et qui renferme les
branchies. La bouche, placée au fond du sac, n'a aucun
organe particulier pour la mastication ; les particules
nutritives sont apportées par l'eau, dans laquelle vit
l'animal. Leurs mouvements, toujours difficiles, s'opèrent par une petite masse charnue appelée *pied ;* quelques espèces se meuvent en ouvrant et refermant leurs
écailles de manière à faire des sauts. La plupart des
acéphales ont une solide coquille bivalve, qui protége
efficacement leur faiblesse. Les deux pièces ou valves
de cette coquille s'articulent par une charnière près de
leur base. Le bord des valves présente souvent, à cet
effet, des dents qui correspondent à des enfoncements
de la valve opposée : celles qui sont au centre de la
charnière sont appelées *cardinales ;* celles qui se trouvent sur les côtés, *latérales.* Un ligament élastique,
intérieur ou extérieur, unit les valves et tend à les
maintenir écartées, de sorte qu'elles ne se ferment que
par un effort des muscles de l'animal, lorsqu'il est
menacé de quelque danger. Les muscles qui ferment

les valves s'y attachent par des empreintes plus ou moins rugueuses, faciles à reconnaître à la face interne de ces dernières.

On divise les mollusques acéphales en trois ordres, dont les deux premiers sont *testacés*, c'est-à-dire munis d'une coquille (*testa*), tandis que les derniers sont privés de cette protection. Ces ordres sont : les BRACHIOPODES, ainsi appelés à cause des deux appendices qu'ils ont près de la bouche ; les LAMELLIBRANCHES, qui tirent leur nom de leurs branchies lamelleuses ; les TUNICIERS, ainsi nommés, parce qu'ils ont, au lieu de coquille, une peau plus ou moins résistante et cartilagineuse.

Nous ne ferons que mentionner en passant les BRACHIOPODES, parmi lesquels on distingue les *térébratules*, dont on connaît peu d'espèces vivantes mais beaucoup de fossiles.

Les LAMELLIBRANCHES, plus intéressants pour nous, se divisent en deux sous-ordres : les *monomyaires*, auxquels appartient l'huître, et qui tirent leur nom de ce que les deux valves de la coquille ne sont rattachées au corps que par un muscle unique, tandis que dans les *dimyaires*, formant le deuxième sous-ordre et auxquels appartient la moule, on trouve sur chaque valve deux empreintes musculaires.

Les *monomyaires* ont une coquille ordinairement irrégulière à valves inégales, portant, sauf de rares exceptions, des lignes convexes situées dans le sens du bord de la coquille. Ils sont ordinairement fixés aux rochers par un faisceau de fils appelé *byssus*, ou par l'adhérence même de leur coquille. On les divise en trois familles : les OSTRACÉS, les MALLÉACÉS et les BÉNITIERS.

Parmi les ostracés, qui tirent leur nom de *ostreum,*
huître, on distingue, outre ce mollusque
si estimé comme aliment, les *peignes*
(fig. 275), dont les valves portent à leur
sommet deux appendices destinés à élar-
gir la charnière, et qui, au lieu d'avoir
la coquille feuilletée, portent des côtes

Fig. 275. Peigne.

qui rayonnent vers la circonférence, contrairement à
ce qui se voit ordinairement chez les monomyaires.

Les malléacés tirent leur nom d'un genre appelé
marteau (malleum), à cause de la ressemblance de ses
valves avec cet instrument. On trouve dans la même
famille les *jambonneaux,* ainsi nommés à cause de la
ressemblance grossière de leur coquille avec un jambon,
et qui offrent un byssus soyeux dont on fait un tissu
recherché ; les *arondes* ou *avicules,* qui tirent leur nom
de leur charnière prolongée en forme d'ailes, coquilles
généralement minces, très-fragiles, nacrées intérieurement, et dont une espèce produit les perles.

Les bénitiers sont ainsi appelés parce que leurs coquilles sont souvent employées comme bénitiers dans
les églises. Ces coquilles se distinguent par leur beauté,
leur grandeur quelquefois gigantesque , l'égalité de
leurs valves, les dents qui garnissent leur charnière, et
leur ligament visible à l'extérieur.

Les *dimyaires,* beaucoup plus nombreux que les monomyaires, comprennent beaucoup de beaux coquillages. Outre la double empreinte musculaire qui carac-
térise leur coquille, on la distingue encore à l'égalité de
ses valves, à sa structure non feuilletée, et à ce qu'elle
présente le plus souvent une série de côtes rayonnant
vers le bord. On les divise en cinq familles : les cames,
les arcacés, les mytilacés, les cardiacés et les pyloridés.

Les CAMES, qui ressemblent aux bénitiers par la forme de leur charnière, et dont les coquilles, irrégulières, épaisses, raboteuses, sont recherchées des amateurs, sont, dit-on, aussi bonnes à manger que les huîtres. Elles habitent, en général, les mers australes.

Les ARCACÉS, qui tirent leur nom de celui des *arches* (*arca*), comprennent, outre ce genre dont la coquille est de forme oblongue, les *pétoncles*, qui sont orbiculaires. Ces derniers, quand la mer est calme, voguent dans leur valve inférieure et tiennent leur valve supérieure élevée en guise de voile.

Les MYTILACÉS, qui tirent leur nom de *mytilus*, *moule*, ont entre eux beaucoup de ressemblance. Ils habitent la mer et les eaux douces, où on les trouve fréquemment en amas considérables. On les divise en trois genres principaux, qui ne diffèrent que par des caractères peu importants : les *moules*, si employées comme nourriture et qui sont communes dans toutes les mers ; les *anodontes* ou *moules d'étang*, et les *mulettes* ou *moules des peintres*, ainsi appelées parce que les peintres se servent souvent de leur coquille pour y délayer des couleurs.

Les CARDIACÉS, qui tirent leur nom de leur ressemblance avec un *cœur* (*cardia*), comprennent un grand nombre d'espèces remarquables par leur beauté, leur richesse et la régularité de leurs formes. Les mollusques qui habitent ces coquillages, ont toujours un pied charnu pour ramper comme les gastéropodes. Parmi les genres de cette famille, nous citerons

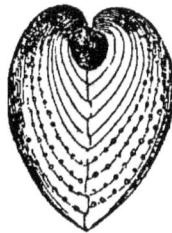
Fig. 276. Bucarde.

les *bucardes* (*cœur de bœuf*), dont la surface est sillonnée de côtes rayonnant du sommet à la circonférence de la valve (fig. 276), et les *vénus*, dont les côtes, lorsqu'il en existe, sont parallèles au bord.

Les PYLORIDÉS sont ainsi appelés d'un mot grec qui signifie *porte,* parce qu'ils sont comme enfermés dans leur manteau fermé en tube saillant hors de la coquille, qui est toujours ouverte. Ils font fort peu de mouvements, et demeurent souvent à poste fixe. Nous citerons parmi eux les *solens* ou *manches de couteau,* ainsi appelés à cause de leurs formes singulières ; les *pholades,* remarquables par la facilité avec laquelle ces mollusques percent les corps les plus durs, les rochers, le pied des édifices ; les *tarets,* qui percent le bois comme les pholades percent la pierre, et sont très-nuisibles aux vaisseaux.

Les TUNICIERS, ou mollusques acéphales nus, forment un ordre peu nombreux qui ne comprend que trois genres principaux : les *biphores,* les *ascidies* et les *pyrosomes.* Les *biphores* sont allongés, très-mous, transparents au point de pouvoir être étudiés intérieurement à travers leur peau ; leur manteau s'encroûte d'une matière cartilagineuse. Ils habitent la profondeur des mers voisines de la zone torride. Lorsqu'ils flottent à la surface, le jour, ils brillent des couleurs de l'iris ; la nuit, ils jettent un éclat phosphorescent très-intense. Les *ascidies* ou *outres de mer* ont le manteau et son enveloppe cartilagineux ; leur surface présente deux orifices. Elles s'attachent aux coquillages ou aux plantes marines. Les *pyrosomes (corps de feu)* sont ainsi nommés à cause du grand éclat dont ils brillent la nuit lorsqu'ils sont répandus en troupes innombrables à la surface de la mer. Ils ont le corps allongé, cylindrique, hérissé de pointes élastiques.

Les *CIRRHOPODES,* cinquième et dernière classe

des mollusques, se font remarquer par des rudiments de membres articulés appelés *cirrhes*, qui semblent les rapprocher des homards et des écrevisses, et établir la transition entre les mollusques et les articulés. Leur bouche est armée de mâchoires latérales, et leur coquille, au lieu d'être bivalve ou univalve, se compose de plusieurs pièces disposées de chaque côté de l'animal ; mais ils n'ont pas de tête distincte, ils sont privés de la faculté de se mouvoir en totalité, et obligés de passer toute leur vie à la même place. Les uns sont attachés aux corps marins par leur coquille ; les autres, soutenus sur le sol par un pied mobile. Tous vivent dans la mer. Pendant les premiers temps de leur vie, ils nagent librement dans les eaux. Lorsque le petit sort de l'œuf, il ressemble à un petit crustacé, a deux antennes et des yeux. La classe des cirrhopodes ne présente que deux genres remarquables : les *anatifes* et les *balanes*.

Les *anatifes* sont soutenus sur une espèce de tube qui ressemble à un doigt, ce qui leur a fait donner le nom de *pouce-pieds*. Ce support leur permet d'opérer un mouvement circulaire produisant un courant qui leur apporte leur nourriture. Les *balanes*, appelés aussi *glands de mer* (*balanus, gland*), vivent, comme les anatifes, sur les rivages, où ils semblent braver les tempêtes ; mais leurs valves, soudées ensemble d'une manière immobile, forment une coquille presque univalve, dont la forme a été comparée à celle d'un gland de chêne. Leur coquille est sessile et non portée par un pied. Ils se fixent par un tentacule. On mange plusieurs espèces de balanes et d'anatifes.

XXXᵉ LEÇON.

QUATRIÈME ET DERNIER EMBRANCHEMENT DU RÈGNE ANIMAL. ANIMAUX RAYONNÉS.

Ces animaux sont ainsi appelés, parce que les parties qui les composent sont ordinairement disposées comme des rayons autour d'un centre, à la manière de celles d'une fleur. Leur organisation est très-inférieure à celle des animaux des embranchements précédents, et se rapproche de l'organisation végétale ; de là le nom de *zoophytes* (animaux plantes). Leur système nerveux n'a jamais de centre analogue à un cerveau ; les organes des sens leur manquent entièrement, et ils n'ont que le toucher passif. Leur cavité digestive n'a le plus souvent qu'une seule ouverture, recevant la nourriture et rejetant les excréments, ou bien elle communique au dehors par plusieurs ouvertures, faisant les mêmes fonctions. Dans les espèces les plus simples, il n'y a pas de trace du canal digestif, et l'absorption des sucs nutritifs se fait comme chez les plantes. Un grand nombre de ces animaux peuvent se multiplier par la division de leur corps en fragments, ou bien ils donnent naissance à des espèces de bourgeons ; néanmoins, la plupart se reproduisent aussi par des œufs. Leurs mouvements sont très-peu développés ; la plupart restent fixés toute leur vie dans le lieu où ils sont nés, et où ils forment souvent des agrégations nombreuses.

La classification des animaux rayonnés est difficile à établir. On peut les diviser en cinq classes : les *ÉCHI-*

NODERMES, reconnaissables à leur peau solide et ordinairement garnie d'épines ; les *ENTOZOAIRES* ou vers intestinaux ; les *MICROZOAIRES* ou animaux microscopiques ; les *ACALÈPHES* ou *MÉDUSAIRES*, reconnaissables à leur peau gélatineuse ; les *POLYPES*, caractérisés par les bras ou tentacules qui entourent leur bouche et leur ont fait donner leur nom.

Les *ÉCHINODERMES* sont ceux d'entre les rayonnés dont l'organisation est le plus compliquée. Leur peau est souvent soutenue par une sorte de squelette extérieur analogue à celui des articulés, et portant ordinairement des épines mobiles qui agissent comme membres ; souvent aussi elle est percée d'ouvertures par lesquelles passent des appendices ou pieds qui servent à la fois de membres et de conduits pour amener l'eau. Au reste, ces mouvements ne sont faciles qu'autant qu'ils sont soutenus par ce liquide ; aussi l'habitent-ils continuellement. Les échinodermes ont des organes imparfaits pour la respiration et la circulation. Leur reproduction est toujours ovipare et ne peut s'opérer par scission, quoique cependant on voie souvent se reproduire les parties de leur corps qu'ils ont perdues. On les divise en deux ordres : les STELLIFÈRES et les HELMINTHOIDES.

Les STELLIFÈRES, qui tirent leur nom de leur conformation évidemment rayonnée, sont pourvus de pieds ou tentacules membraneux armés de ventouses à leur extrémité, mais qui, au lieu d'agir par des muscles comme ceux des céphalopodes, agissent par un mécanisme auquel contribue le déplacement de l'eau dans leur intérieur. On les divise en trois petites familles : les STELLÉRIDES, les ÉCHINIDES et les HOLO-THURIDES.

Les STELLÉRIDES ont le corps aplati et divisé en rayons ordinairement au nombre de cinq, au centre desquels se trouve l'ouverture qui sert à la fois de bouche et d'anus, garnie de pièces osseuses qui leur permettent de se nourrir de mollusques, d'annélides et de zoophytes. Ce sont ceux des animaux de cet embranchement qui ont les mouvements les plus étendus. Ils sont répandus en abondance dans toutes les mers. On les

Fig. 277. Astérie.

divise en deux genres : les *astéries* ou *étoiles de mer*, (fig. 277), qui sont très-voraces, et les *encrines*, dont les rayons sont nombreux et ciliés, et dont le disque se prolonge inférieurement en une tige articulée qui les fixe au sol.

Les ÉCHINIDES ont beaucoup de rapports avec les stellérides : mais leur forme est globuleuse ou en disque ; leur croûte calcaire est armée d'épines implantées sur de petits tubercules mobiles qui, ainsi que les tentacules nombreux, nommés *ambulacres*, auxquels leur enveloppe livre passage, leur servent d'organes locomoteurs. Ils sont carnassiers comme les précédents. Leur forme globuleuse et hérissée leur a fait donner les noms de *hérissons de mer*, de *châtaignes de mer*. Leur cavité digestive a deux orifices. Leur principal genre est celui des *oursins*. L'*oursin commun*, qui a la grosseur d'une pomme, est employé comme aliment.

Les HOLOTHURIDES ne comprennent qu'un seul genre, celui des *holothuries*, qui ont la peau souple et contractile, le corps allongé, offrant en avant une bouche et en arrière un anus, dans lequel se trouvent placées les branchies, qui servent non-seulement à la respiration mais encore au mouvement.

L'ordre des HELMINTHOIDES ne comprend qu'un petit nombre d'espèces, dont le corps allongé ressemble à celui des vers, et parmi lesquelles nous citerons les *siponcles*, qui vivent dans le sable comme les arénicoles, et servent, comme eux, d'appât pour la pêche. La mer des Indes en possède une espèce comestible.

Les *ENTOZOAIRES*, qui forment la deuxième classe des rayonnés, sont ainsi appelés parce qu'ils vivent en parasites dans le corps des animaux et de l'homme, dont ils absorbent les sucs nutritifs. On les appelle vulgairement *vers intestinaux*, parce que c'est surtout dans les intestins qu'on les rencontre. Certains d'entre eux ressemblent aux vers de terre, mais leur organisation est bien moins compliquée. Ils ne sont ordinairement pas composés d'anneaux, et ils n'ont ni trachées, ni branchies, ni organes locomoteurs. Leurs intestins présentent une bouche et un anus distincts. On divise les entozoaires en deux ordres : les CAVITAIRES, qui ont un canal intestinal flottant dans une cavité intérieure, et les PARENCHYMATEUX, dont les intestins ressemblent à des vaisseaux ramifiés dans la substance du corps.

C'est aux CAVITAIRES qu'appartiennent l'*ascaride* et le *trichocéphale*, que l'on trouve dans l'intestin de l'homme ; la *filaire*, connue sous le nom de *ver de Médine* ou *de Guinée*, et qui s'introduit sous la peau de l'homme, où elle cause des accidents très-graves si l'on ne se hâte de l'extraire ; le *strongle*, dont la principale espèce se développe dans tous les viscères du cheval.

Les PARENCHYMATEUX comprennent deux famil-

les principales : les TRÉMATODES, auxquels appartiennent les *douves*, espèces de petits vers mous et aplatis
qui vivent dans le corps des bestiaux, et dont une
espèce, la *douve du foie*, rend souvent les moutons
hydropiques ; les TÉNIOÏDES, auxquels appartiennent les
ténias et les *hydatides*. Le *ténia*, ainsi nommé parce
que son corps a la forme d'une bandelette (en grec
tenia), est aussi connu sous le nom de *ver solitaire*,
parce qu'on croyait qu'il ne s'en développait jamais
qu'un seul dans l'intestin. Sa tête présente quatre
points noirs qu'on pourrait prendre pour des yeux,
mais qui sont des suçoirs. Ce ver atteint une longueur
de vingt pieds, et il est très-difficile à expulser. Le
meilleur vermifuge contre le ténia est le *cousso*, plante
d'Ethiopie. Les *hydatides* ou *cysticerques*, ont le corps
terminé postérieurement par une espèce de vessie ; ils
se développent dans une poche qui se remplit d'eau et
devient quelquefois énorme. On les trouve dans divers
organes du corps de l'homme et des animaux ; elles
déterminent chez les porcs la maladie appelée *ladrerie*,
et, en se développant dans le cerveau des moutons, la
maladie appelée *tournis* parce qu'elle leur fait tourner
involontairement la tête.

Les *MICROZOAIRES*, qui vivent tous dans l'eau et
ne sont guère visibles qu'au microscope, sont encore
appelés *infusoires*, *animalcules*, *animaux microscopi-*
ques. Ils sont de nature très-diverse, et certains d'entre
eux, lorsqu'on les aura mieux observés, pourront sans
doute être placés dans d'autres embranchements. Ils
ont un tact très-sensible, sont très-contractiles, et leurs
mouvements sont très-actifs. Ils ont un instinct remarquable pour abandonner les parties du liquide qui se
dessèchent, et rester dans ce liquide sans lequel ils ne

peuvent vivre. On les divise en deux ordres principaux : les ROTIFÈRES, dont l'organisation est le plus
compliquée, qui ont quelque cirrhes disposés en rayons
autour de la bouche et se multiplient par des œufs ;
les GYMNODÉS, dont l'organisation est le plus simple,
qui sont dépourvus d'appendices et se multiplient par
scission. Parmi les ROTIFÈRES, nous citerons les *vor-
ticelles*, communes dans les eaux douces et appelées
polypes à panache ou *à bouquets*, parce qu'elles ont la
forme d'une tige ordinairement divisée en plusieurs
branches, se terminant par un renflement en forme de
cloche, au centre duquel se trouve la bouche, entourée
de plusieurs rangs de tentacules qui impriment à l'eau
un léger mouvement de rotation. Nous citerons, parmi
les gymnodés, les *vibrions*, appelés vulgairement *anguilles microscopiques,* qui se propagent avec rapidité
dans le vinaigre et dans la colle de farine, et qui se
trouvent aussi très-répandus dans les eaux pures ; les
monades (monas, atome), qui semblent n'être formées
que d'une seule cellule organique.

Les *ACALÈPHES*, dont le nom signifie *ortie*, sont
ainsi nommées à cause de la sensation douloureuse
qu'elles produisent à la peau lorsqu'on les manie, d'où
aussi le nom d'*orties de mer*. Elles ont le corps mollasse,
gélatineux, transparent, presque toujours arrondi,
quelquefois aplati en disque, et le plus souvent hémisphérique. Elles changent de forme en se contractant, et
leur mouvement est facile. De même que certains mollusques acéphales, elles sont phosphorescentes, et leurs
troupes nombreuses font ressembler, pendant la nuit,
la mer à un vaste incendie. On les divise en deux
ordres : les ACALÈPHES SIMPLES et les ACALÈPHES
HYDROSTATIQUES. Les premières se meuvent dans

les eaux par la simple contraction de leur corps ; les dernières sont pourvues de vessies aériennes qui les font flotter, ce qui leur a valu les noms de *frégates* et de *galères*. Parmi les acalèphes simples, nous citerons les *pulmogrades* ou *poumons marins,* appelés aussi *méduses* (fig. 278), qui ont le corps convexe supérieurement,

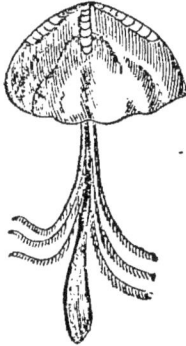

aplati ou légèrement concave à la surface inférieure, où se trouvent la bouche et des appendices charnus. Leur ensemble ressemble à un champignon ou à une ombrelle. Ils habitent la haute mer ; les baleines en dévorent des quantités considérables. Parmi les acalèphes hydrostatiques, nous mentionnerons les *physalies,* dont le corps

Fig. 278. Méduse. oblong ressemble à un bateau sur lequel s'élève une crête servant de voile, tandis que les tentacules servent de rames ou de gouvernail ; on les voit flotter sur la mer en se gonflant lorsque le temps est calme, et descendre aussitôt qu'il se trouble.

Les *POLYPES,* ainsi que nous le savons, sont ainsi nommés à cause des tentacules qui entourent leur bouche. La plupart ne sont visibles qu'au microscope, quoique, par leurs amas, ils forment souvent des masses immenses. Leur corps allongé et cylindrique offre une cavité intestinale à une seule ouverture, ou même absorbe les matières nutritives par les pores de la peau. Ils se multiplient par des œufs, par des bourgeons ou par simple division de leur substance (génération *ovipare, gemmipare, scissipare*). On les voit, par leur multiplication, former de grands amas où chacun vit de sa vie particulière et de la vie générale, comme les bourgeons d'un même arbre; et l'enveloppe calcaire ou cornée dans laquelle ils sont logés constitue, par son accroissement continuel, des masses tellement grandes qu'il en résulte des écueils ou même des îles sur lesquelles les détritus, s'accumulant, forment un terrain où se développe la végétation. Les polypes se divisent en quatre ordres : les BRYOZOAIRES, les ZOANTHAIRES, les ALCYONIENS et les SERTULARIENS.

Les BRYOZOAIRES ont seuls une bouche et un anus distincts. Leur corps a la forme d'une bourse. Leur bouche est entourée de douze tentacules garnis de cils, qui s'épanouissent lorsque le temps est calme et se ferment au moindre danger. La plupart sont microscopiques; mais presque tous vivent agrégés, et forment de grandes masses. On les divise en trois familles, comprenant des genres parmi lesquels nous citerons les *eschares,* dont le polypier fragile est entièrement couvert de pores ; les *rétépores,* dont le polypier, membraniforme, ressemble à un réseau ou à une dentelle ; les *flustres,* dont le corps est allongé, le polypier membraneux et flexible ; les *cellaires,* dont le corps est en forme de vase et le polypier rameux, tenant à son support par un grand nombre de tubes ressemblant à des racines ; les *alcyonelles,* dont le polypier, ressemblant à une éponge, a une consistance analogue à celle du liége.

Les ZOANTHAIRES ont la forme rayonnée très-prononcée, et ressemblent à une fleur. Leur taille est toujours supérieure à celle des bryozoaires. Leur corps, cylindrique, s'élargit à leurs extrémités, dont l'inférieure forme une espèce de pied servant quelquefois à ramper, et la supérieure porte l'unique ouverture, entourée par les tentacules. Ils jouissent à un haut degré de la faculté de reproduire les parties détruites.

Ils paraissent tous carnassiers. Quelques-uns vivent libres ; il en est qui vivent fixes, mais isolés ; d'autres se réunissent et se construisent des polypiers calcaires qui acquièrent une grande dureté. Ils abondent surtout dans les mers méridionales. Cet ordre comprend un très-grand nombre d'espèces, vivantes et fossiles. On les divise en deux familles : les ACTINIENS, qui ont le corps mou, et les MADRÉPORIENS, qui sont pierreux.

Fig. 279.

Actinie.

Les ACTINIENS ont pour type l'*actinie* (fig. 279), appelée vulgairement *anémone de mer,* à cause du beau coup d'œil qu'offrent ces polypes lorsqu'ils étalent, en grandes troupes, leurs tentacules à la surface de la mer, présentant l'aspect d'un parterre aux vives couleurs, pour redescendre en se refermant en boule aussitôt que le temps se trouble.

Fig. 280. Madrépore.

Les MADRÉPORIENS, appelés aussi *zoanthaires pierreux,* se trouvent principalement dans les mers intertropicales, où ils se développent avec une grande rapidité, formant des écueils qui rendent ces mers dangereuses, et d'où naissent beaucoup de petites îles. Parmi eux nous citerons les *caryophyllées,* ainsi nommées à cause de leur grande ressemblance avec les fleurs, et les *madrépores* (fig. 280), qui ont donné leur nom à la famille.

Les ALCYONIENS, entre autres caractères distinctifs, ont leurs tentacules au nombre de huit, larges, foliacés et dentelés sur leurs bords. La plupart vivent agrégés, et leurs polypiers communiquent presque toujours entre eux de telle sorte qu'ils se nourrissent en commun, comme les différentes parties d'un arbre. On les divise en cinq familles : les TUBIPORÉS, ainsi nommés parce que les loges de leur polypier sont en forme de tubes accolés, et dont le genre le plus remarquable est celui des *tubipores*, très-abondant dans la mer Rouge ; les CORAL-LOÏDES, qui ont pour type le corail (fig. 281), si remarquable par la beauté de son polypier branchu, sur lequel s'épanouissent des rosettes qui ressemblent à des fleurs, et qui ne sont autres que les polypes eux-mêmes ; les PENNATULAIRES (fig. 282), qui vivent sur un polypier libre et flottant, ayant de l'analogie, pour la forme, avec une plume à écrire, et qui répandent presque tous une vive lumière phosphorescente ; les ALCYONAI-RES, qui ressemblent plus ou moins aux précédents, et dont les habitudes sont peu connues ; les SPONGIAIRES, dont l'*éponge* est le type, et dont le polypier, de même que celui des alcyonaires, est de nature cornée, soutenu par des *acicules* ou axes calcaires qui lui donnent plus de résistance.

Fig. 281. Corail.

Fig. 282. Pennatule.

Les SERTULARIENS, qui forment le quatrième et dernier ordre des polypes, sont inférieurs en organisation aux ordres précédents. On distingue parmi eux les *corallines*, dont une espèce est employée comme vermifuge sous le nom de *mousse de Corse*, et les *hydres*, appelées aussi *polypes à bras* à cause de la longueur de leurs tentacules, zoophytes presque microscopiques dont l'organisation est des plus simples, et qui sont très-communs dans les eaux douces.

Ici se termine la série animale, par des êtres que leur organisation rapproche intimement du règne végétal, sans toutefois les confondre avec lui. Les trois règnes de la nature, en effet, ont chacun leur caractère bien tranché, qui établit entre eux la distinction : le règne inorganique n'ayant ni nutrition ni sensation, le règne végétal étant doué de la faculté de se nourrir mais non de celle de sentir, et enfin le règne animal réunissant en soi la sensation et la nutrition accompagnées du mouvement. Ainsi que nous l'avons vu, ces propriétés, et les organes qui y correspondent, existent au plus haut degré dans l'homme, faisant servir à l'exercice des hautes facultés de son âme les ressources les plus puissantes et les plus délicates du règne animal.

FIN.

TABLE ALPHABÉTIQUE.

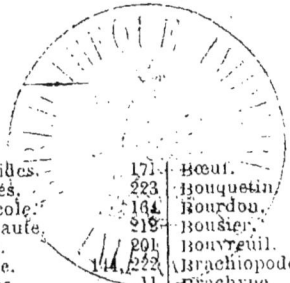

TABLE DES MATIÈRES.

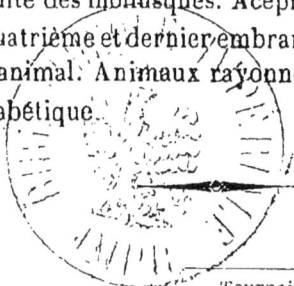

Tournai, typ. de H. Casterman.

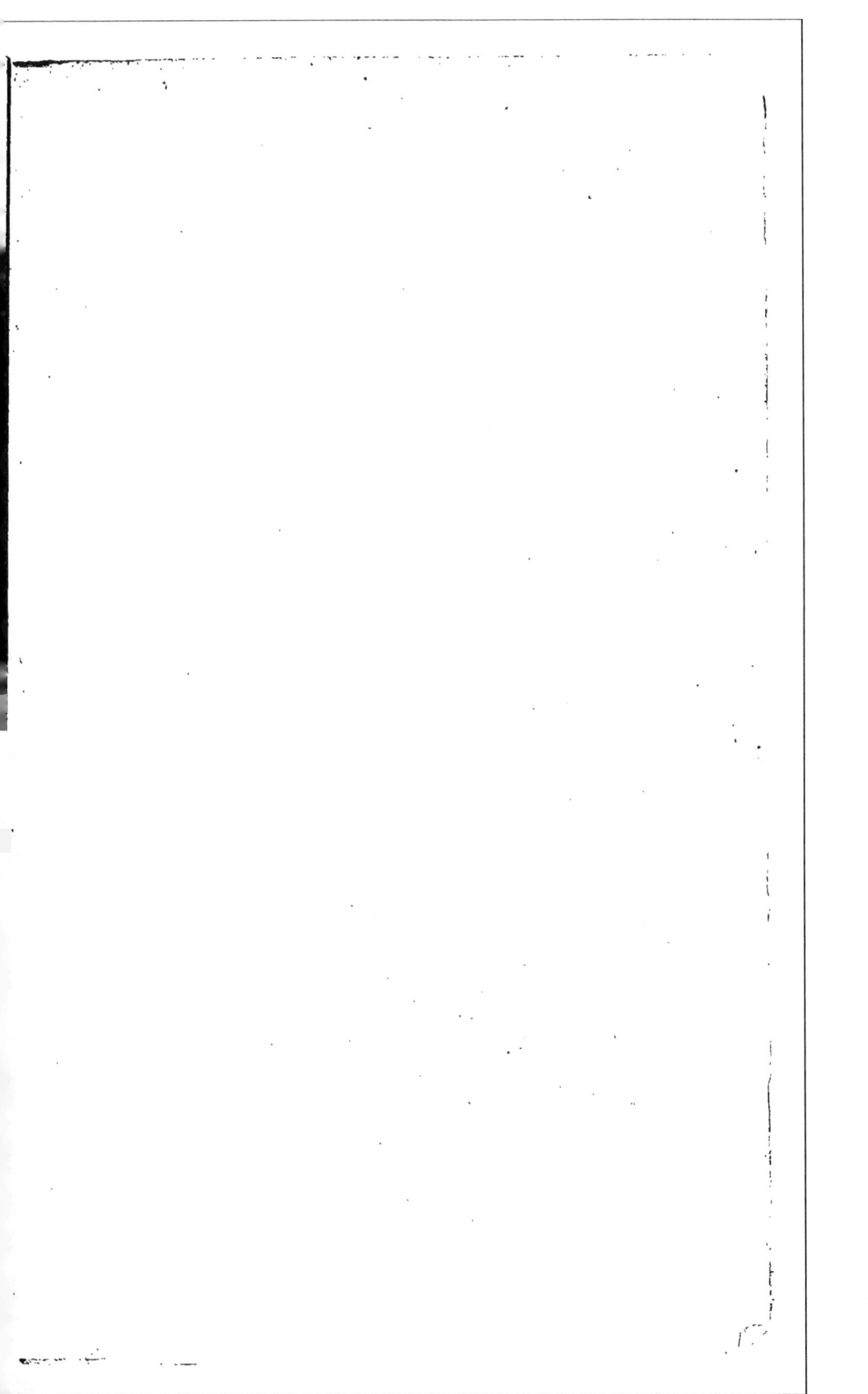

PETITE BIBLIOTHÈQUE CLASSIQUE.

COLLECTION D'OUVRAGES DU MÊME FORMAT :

Traité de Zoologie élémentaire; à l'usage des établissements d'instr.; par le doct. **Th. Olivier**. Gr. in-18.

Traité de Physique élémentaire, à l'usage des écoles et des familles; par **Tanghe**, inspecteur des écoles. Gr. in-18. 208 p. Nombreuses figures dans le texte. Quatrième édition.

Traité de Chimie élémentaire à l'usage des établissements d'instruction; par le doct. **Th. Olivier**. Gr. in-18 d'env. 250 p. Nombr. figures dans le texte.

Traité d'Astronomie élémentaire, à l'usage des établissements d'instr.; par le doct. **Th. Olivier**. In-18.

Traité de Botanique élémentaire; à l'usage des établissements d'instruction; par le doct. **Th. Olivier**. Gr. in-18, 216 p. Avec plus de 300 gravures.

Cours élémentaire théorique et pratique d'Arboriculture: par **C. Vigneron**, élève de Dubreuil, professeur d'arboriculture et de botanique; etc., etc. Gr. in-18. 168 p. Orné de 83 gravures.

Trésor héraldique d'après **d'Hosier, Ménétrier, Boisseau** etc.: comprenant: 1° la Clef du Blason et des Armoiries; 2° le Livre d'Armes des Familles illustres de France; 3° Le Recueil des Armoiries des villes et provinces; par **A. de la Porte**, membre de plusieurs sociétés historiques et archéologiques. Gr. in-18. x-320 p.

Politesse et bienséances, à l'usage des maisons d'éducation, par **Un ami de la Jeunesse**. Gr. in-18, 144 p.

Lecture et chant, ou recueil des prescriptions les plus intéressantes pour bien lire à haute voix et bien chanter; par **Un ami de la Jeunesse**. Gr. in-18.

Economie politique (l') ramenée aux principes du Christianisme; par le doct. **Th. Olivier**. Gr. in-18, xx-172 p.

Traité élémentaire des institutions constitutionnelles, en vigueur en Belgique; par **Thil-Lorrain**, auteur du cours complet d'histoire universelle, etc. etc. Gr. in-18, 108 p.

www.ingramcontent.com/pod-product-compliance
Lightning Source LLC
Chambersburg PA
CBHW071629200326
41519CB00012BA/2223